人民交通出版社“十一五”
高职高专土建类专业规划教材

装饰装修工程预算习题集与实训指导

（第二版）

主编 吴锐 王俊[illegible]

人民交通出版社
China Communications Press

图书在版编目（CIP）数据

装饰装修工程预算习题集与实训指导/吴锐等主编.
—2版. —北京：人民交通出版社，2010.4
ISBN 978-7-114-08032-6

Ⅰ.装… Ⅱ.吴… Ⅲ.建筑装饰-建筑预算定额-高等学校：技术学校-教学参考资料 Ⅳ.TU723.3

中国版本图书馆CIP数据核字（2009）第191288号

书　　名：装饰装修工程预算习题集与实训指导（第二版）
著 作 者：吴　锐　王俊松
责任编辑：刘彩云
出版发行：人民交通出版社
地　　址：(100011) 北京市朝阳区安定门外外馆斜街3号
网　　址：http://www.ccpress.com.cn
销售电话：(010) 59757973
总 经 销：人民交通出版社发行部
经　　销：各地新华书店
印　　刷：北京鑫正大印刷有限公司
开　　本：787×1092　1/16
印　　张：13
版　　次：2007年2月 第1版
　　　　　2010年4月 第2版
印　　次：2013年7月 第2次印刷　累计第4次印刷
书　　号：ISBN 978-7-114-08032-6
印　　数：8001－11000册
定　　价：25.00元

高职高专土建类专业规划教材出版说明

近年来我国职业教育蓬勃发展，教育教学改革不断深化，国家对职业教育的重视达到前所未有的高度。为了贯彻落实《国务院关于大力发展职业教育的决定》的精神，提高我国土建领域的职业教育水平，培养出适应新时期职业需要的高素质人才，人民交通出版社深入调研，周密组织，在全国高职高专教育土建类专业教学指导委员会的热情鼓励和悉心指导下，发起并组织了全国四十余所院校一大批骨干教师，编写出版本系列教材。

本套教材以《高等职业教育土建类专业教育标准和培养方案》为纲，结合专业建设、课程建设和教育教学改革成果，在广泛调查和研讨的基础上进行规划和展开编写工作，重点突出企业参与和实践能力、职业技能的培养，推进教材立体化开发，鼓励教材创新，教材组委会、编审委员会、编写与审稿人员全力以赴，为打造特色鲜明的优质教材做出了不懈努力，希望以此能够推动高职土建类专业的教材建设。

本系列教材先期推出建筑工程技术、工程监理和工程造价三个土建类专业共计四十余种主辅教材，随后在2～3年内全面推出土建大类中7类方向的全部专业教材，最终出版一套体系完整、特色鲜明的优秀高职高专土建类专业教材。

本系列教材适用于高职高专院校、成人高校及二级职业技术学院、继续教育学院和民办高校的土建类各专业使用，也可作为相关从业人员的培训教材。

人民交通出版社

2010年3月

前言

QIANYAN

本习题集是《建筑装饰工程预算》这类教材的课后练习与考试指导，该习题集体现了新规范的内容，覆盖面广，习题量大，适合造价专业、装饰专业及从业人员职业资格考试练习。

本习题集共分为两部分，第一部分共有十三章，第二部分一章。由湖北城市建设职业技术学院吴锐、武汉职业技术学院王俊松担任主编，湖北工业大学商贸学院陈洁担任副主编，湖北城市建设职业技术学院杨敏、范菊雨、杨淑华、柳庆军、李少红、邱阳、刘晗、叶帆参编。全书由吴锐统稿，并编写了第一～三章、第五～八章，王俊松编写了第九～十三章，陈洁编写了第二部分即第十四章的任务书及要求部分，杨敏、范菊雨、杨淑华编写了第四章，柳庆军、李少红、邱阳、刘晗、叶帆编写了第二部分的图纸内容，技术员刘勇协助绘图。

本书在编写过程中得到了很多装饰施工企业的设计、技术人员的大力支持和帮助，也参考了相关方面的著作和资料，在此向有关作者和朋友表示深深地感谢。

由于定额在各省的差异性，如有歧义处，真心希望广大读者积极交流，以便完善。

编　者

2010. 3. 20

第一部分　章节练习题及综合测试题

第二部分　实 训 指 导

第一部分　章节练习题及综合测试题

第一章 概论

一 单项选择题

1. 以下关于投资估算的说法正确的是(　　)。
   A. 投资估算是在施工图设计阶段完成的　　B. 投资估算不是根据平方米、立方米、产量等指标进行的
   C. 投资估算是由施工企业编制的　　D. 投资估算是控制设计总概算的重要依据
2. 下列哪项是由施工方编制完成的?(　　)
   A. 投资估算　　B. 设计概算　　C. 施工图预算　　D. 竣工决算
3. 下列哪项属于分部工程?(　　)
   A. 将军红花岗岩地面　　B. 天棚工程　　C. 墙面刷乳胶漆　　D. 木线条
4. 以下哪些项目属于投产项目?(　　)
   A. 在计划期内停止或暂缓建设的项目

班级　　　　姓名

B. 报告期内按设计规定的内容，形成设计规定的生产能力（或效益）并投入使用的建设项目

C. 尚未开工，正在进行选址、规划、设计等施工前各项准备工作的建设项目

D. 指已经建成投产和已经组织验收，设计能力已全部建成，但还遗留少量尾工需继续进行扫尾的建设项目

5. 建设工程项目不包括以下哪些内容？（　　）

A. 建筑工程　　B. 安装工程　　C. 施工图预算　　D. 园林工程

6. 关于定额计价模式的说法正确的是（　　）。

A. 定额计价模式是与国际接轨的　　B. 定额计价模式是市场经济的产物

C. 定额计价模式计价以各地区各部门编制的预算定额为依据　　D. 定额计价模式是以综合单价计价的

7. 关于清单计价模式的说法正确的是（　　）。

A. 清单计价必须以各地区各部门编制的定额为依据

B. 清单计价模式下工程造价是经市场竞争形成的

C. 工程量清单由投标方提供

D. 投标方编制清单报价时不需进行市场询价

8. 清单计价模式下编制装饰装修工程预算的方法是（　　）。

A. 工料单价法　　B. 实物法　　C. 理论计算法　　D. 综合单价法

9. 清单计价模式下计算的工程造价组成包括（　　）。

A. 直接工程费　　B. 税金　　C. 间接费　　D. 价差

10. 定额计价模式下计算的工程造价组成包括（　　）。

A. 分部分项工程费　　B. 措施项目费　　C. 利润　　D. 其他项目费

班级　　姓名

二 多项选择题

1. 建筑装饰工程预算是根据以下哪些内容确定的？(　　)

A. 招标文件　　B. 施工图纸　　C. 工程量清单　　D. 人、材、机市场单价

2.《建筑装饰工程预算》这门课程与以下哪些课程有关？(　　)

A. 地基基础　　B. 建筑装饰材料　　C. 建筑装饰构造　　D. 建筑装饰施工技术

3. 以下说法正确的是(　　)。

A. 固定资产的投资活动一般是通过具体的建设工程项目来实现的

B. 建设工程项目在建设过程中不必统一核算

C. 建设工程项目由一个或几个相互关联的单位工程所组成

D. 建设工程属于固定资产投资对象

4. 以下属于扩建项目的是(　　)。

A. 学校增建教学用房

B. 医院增建门诊部或病床用房

C. 尚未建成投产或交付使用的迁建工程，因自然灾害等原因毁坏后，按新的设计进行重建

D. 新增加的固定资产价值超过其原有固定资产价值(原值)三倍以上的工程

5. 关于建设项目的分解以下说法正确的是(　　)。

A. 分项工程没有独立存在的意义，它只是建筑安装工程的一种基本构成要素

B. 分部工程有独立的设计文件，可以独立施工

C. 单位工程是由若干个分部工程组成的，建成后在经济上可以独立核算经营

D. 当分部工程较大或较复杂时，可按材料种类、施工特点、施工程序、专业系统及类别等分为若干子分部工程

班级　　　　姓名

第二章 建筑装饰装修工程定额

一 单项选择题

1. 根据建筑安装工程定额编制的原则，按平均先进性编制的是(　　)。
   A. 预算定额　　B. 企业定额　　C. 概算定额　　D. 概算指标
2. 衡量工人劳动数量和质量，反映成果和效益指标的是(　　)。
   A. 时间定额　　B. 劳动定额　　C. 预算定额　　D. 概算定额
3. 概算定额是确定完成合格的单位(　　)所需消耗的人工、材料和机械台班的数量标准。
   A. 分项工程和结构构件　　B. 单项工程
   C. 扩大分项工程和扩大结构构件　　D. 单位工程
4. (　　)代表社会平均水平。
   A. 施工定额　　B. 预算定额　　C. 概算定额　　D. 概算指标

班级　　　　姓名

5. 反映一定计量单位的建筑物或构筑物所需消耗的人工、材料、机械台班的数量标准的是(　　)。

A. 预算定额　　B. 企业定额　　C. 概算定额　　D. 概算指标

6. 预算定额的人工工日消耗量包括(　　)。

A. 基本用工、其他用工　　B. 基本用工、辅助用工

C. 基本用工、人工幅度差　　D. 基本用工、其他用工、人工幅度差

7. 在项目建议书和可行性研究阶段编制投资估算、计算投资需用量时使用的一种定额是(　　)。

A. 预算定额　　B. 投资估算指标　　C. 概算定额　　D. 概算指标

8. 关于施工定额的说法正确的是(　　)。

A. 一般是在预算定额的基础上综合扩大而成的

B. 以同一性质的施工过程或工序为测定对象

C. 定额中列出了各结构分部的工程量及单位建筑工程(以体积或面积计)的造价，是一种计价定额

D. 不是在企业内部使用的一种定额，无企业定额的性质

9. 干挂 $1m^2$ 花岗岩内墙面的时间定额是 0.0824 工日，产量定额是(　　)。

A. 1.213m^2/工日　　B. 0.824m^2/工日　　C. 12.13m^2/工日　　D. 8.24m^2/工日

10. 2 个工人工作 4h 为(　　)。

A. 0.5 工日　　B. 1 工日　　C. 2 工日　　D. 4 工日

11. 4 台机械工人工作 6h 为(　　)。

A. 1 台班　　B. 2 台班　　C. 3 台班　　D. 4 台班

12. 以下属周转性材料的是(　　)。

A. 脚手架　　B. 地面砖　　C. 中粗砂　　D. 棉纱头

班级　　　　姓名

二 多项选择题

1. 建筑装饰装修工程定额有以下哪些性质？(　　)
   A. 科学性　B. 指导性　C. 单件性　D. 统一性和时效性　E. 群众性
2. 建筑装饰装修工程消耗量定额按编制程序和用途可分为(　　)。
   A. 施工消耗量定额　B. 预算消耗量定额　C. 概算消耗量定额　D. 劳动消耗定额　E. 材料消耗定额
3. 建筑装饰装修工程定额按生产要素分为(　　)。
   A. 机械消耗量定额　B. 预算定额　C. 概算指标　D. 劳动消耗定额　E. 材料消耗定额
4. 施工定额包括(　　)。
   A. 机械消耗量定额　B. 企业定额　C. 劳动消耗定额　D. 材料消耗定额　E. 工序定额
5. 以下关于劳动消耗定额的说法正确的是(　　)。
   A. 劳动消耗定额中每个工日工作时间为 8 小时
   B. 劳动消耗定额的表现形式是时间定额和产量定额
   C. 时间定额和产量定额互成倒数
   D. 时间定额以“工日”为单位
   E. 劳动消耗定额反映的是装饰装修工人劳动生产率的社会平均先进水平
6. 时间定额包括(　　)。
   A. 准备与结束时间　B. 超出必需的休息　C. 基本工作时间　D. 辅助工作时间　E. 不可避免的中断时间
7. 劳动定额的测定方法有(　　)。
   A. 技术测定法　B. 经验估计法　C. 理论计算法　D. 统计分析法　E. 比较类推法

班级　　　　姓名

8. 以下关于材料消耗定额的说法正确的是(　　)。

A. 材料消耗定额中材料的耗用量包括净用量和损耗量

B. 材料消耗量的计量单位为实物的计量单位

C. 确定材料消耗量只需确定非周转性材料的消耗量,周转性材料不需考虑

D. 周转材料消耗指标,应当按照多次使用,分期摊销计算

E. 非周转性材料是通过现场技术测定、实验室试验、现场统计、经验估计和理论计算等方法确定的

9. 以下关于机械台班消耗定额的说法错误的是(　　)。

A. 机械台班消耗定额包括有效工作时间、不可避免的中断时间和不可避免的空转时间等

B. 机械台班消耗定额有机械时间定额和机械产量定额两种表达形式

C. 机械时间定额与机械产量定额的乘积不等于 1

D. 施工机械台班产量定额＝机械 1h 纯工作正常生产率×工作班纯工作时间×机械正常利用系数

E. 时间定额的单位是“台班”,一个台班是一台机械工作 8h

10. 建筑装饰装修工程施工定额手册包括(　　)。

A. 文字说明　　B. 分节定额　　C. 附注　　D. 附录　　E. 总说明

11. 已知某挖土机挖土,产量定额为 120m^3/台班,下列情况正确的是(　　)。

A. 挖土机挖土一次正常循环工作挖土 15m^3/h,工作班的延续时间为 8h,机械正常利用系数为 0.8

B. 挖土机挖土一次正常循环工作挖土 15m^3/h,工作班的延续时间为 10h,机械正常利用系数为 0.8

C. 挖土机挖土一次正常循环工作时间是 2min,每循环工作一次挖土 0.5m^3,工作班纯工作时间为 8h

D. 挖土机挖土地一次正常循环工作时间是 2min,每循环工作一次挖土 0.5m^3,工作班的延续时间为 8h,机械正常利用系数为 0.8

班级　　　　姓名

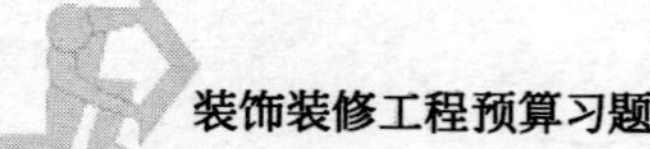

三 计算题

1. 某抹灰班组有 16 名工人，抹某住宅楼混砂墙面，施工 20 天完成任务，已知产量定额为 10.2m^2/工日。试计算抹灰班应完成的抹灰面积。

2. 某彩色地面砖规格为 300mm×300mm×5mm，灰缝为 1mm，结合层为 20 厚 1∶2 水泥砂浆，试计算 100m^2 地面中面砖和砂浆的消耗量。（面砖和砂浆损耗率均为 1.5%）

3. 某工程砌筑 150m^3 的砖基础，每天有 20 名专业工人投入施工，时间定额为 0.89 工日/m^3。试计算完成该工程所需的定额施工天数。

班级　　　　姓名

第三章 定额计价模式下工程计价详解

一 单项选择题

1. 定额计价模式下分部分项工程单价是(　　)。
   A. 完全单价　　B. 定额基价　　C. 不完全单价　　D. 综合单价
2. 单位估价表是(　　)。
   A. 施工定额　　B. 计价性定额　　C. 工序定额　　D. 投资估算指标
3. 对于单位估价表以下说法正确的是(　　)。
   A. 单位估价表是全国统一定额
   B. 单位估价表是根据全国统一定额编制的，既包含“量”，也包含“价”
   C. 单位估价表代表平均先进水平
   D. 单位估价表中人、料、机单价按市场价计入
4. 基价是指(　　)。
   A. 人、材、机市场价　　B. 分项工程的费用　　C. 分项工程定额单位的预算价值　　D. 综合单价的一部分

班级　　　　姓名

5. 基价中关于人工费说法错误的是(　　)。

A. 人工费＝∑分项工程定额人工工日数×人工单价

B. 人工费中的人工单价是当地当时的市场价

C. 人工费中人工工日数是根据预算定额的人工消耗量定额确定的

D. 人工消耗量包括基本用工、辅助用工、超运距用工和人工幅度差

6. 建筑业全年每月平均工作天数为(　　)。

A. 20.33 天　　B. 20.92 天　　C. 20.53 天　　D. 20.83 天

7. 表示装饰工程的分部分项工程定额编码是(　　)。

A. D3-15　　B. E3-15　　C. C3-15　　D. B3-15　　E. A3-15

8. 工人岗位工资标准设(　　)个岗次。

A. 6　　B. 7　　C. 8　　D. 9

9. 下列不是机械单价组成的是(　　)。

A. 折旧费　　B. 机上人工费　　C. 养路费　　D. 大型机械进出场费

10. 下列不是材料单价组成的是(　　)。

A. 材料原价　　B. 新材料检验试验费　　C. 材料运杂费　　D. 材料采购人员的工资

11. 基价中材料单价是(　　)。

A. 市场价　　B. 某个厂家提供的某种材料单价

C. 定额取定价　　D. 材料采购人员的工资

12. 不属于定额编号“B3-15”的含义是(　　)。

A. 装饰分项工程编号　　B. 第三分部分项工程

C. “15”表示第 15 个子项目　　D. 装饰工程顺序码

班级　　姓名

二 多项选择题

1. 地区单位估价表的作用是(　　)。

A. 确定分部分项工程单价　　B. 综合单价的组价依据　　C. 可进行工料分析

D. 可对工程进行估价　　E. 可用以计算直接工程费

2. 地区单位估价表中含有(　　)。

A. 材料消耗量指标　　B. 费用指标　　C. 机械市场价格

D. 人工消耗量指标　　E. 人工市场价格

3. 单位估价表是由(　　)组成的。

A. 表头　　B. 附注　　C. 分项工程名称

D. 各材料的名称　　E. 材料市场价

4. 基价是由(　　)组成的。

A. 人工费　　B. 人工幅度差　　C. 材料费

D. 机械费　　E. 构件增值税

5. 人工单价的影响因素是(　　)。

A. 社会平均工资水平　　B. 生活消费指数　　C. 人工单价的组成内容

D. 劳动力市场供需变化　　E. 社会保障和福利政策

6. 关于定额中的材料单价下列说法正确的是(　　)。

A. 单价中含有运输损耗　　B. 材料单价是市场价　　C. 包含采保费

D. 材料单价是综合取定价　　E. 含有材料保险费

班级　　　　姓名

7. 定额套用的方式有（　　）。

A. 直接套用　　B. 估计　　C. 换算　　D. 补充　　E. 分析

8. B5-17 表示（　　）。

A. 定额编号　　B. "5"表示第五分项　　C. "17"表示第 17 分项

D. "B"表示装饰工程　　E. "B5"表示装饰工程第五部

9. 定额编号的方法有（　　）。

A. 一符号法　　B. 二符号法　　C. 三符号法　　D. 四符号法　　E. 五符号法

10. 关于定额直接套用说法正确的是（　　）。

A. 分项工程设计要求与拟套的定额完全相符

B. 分项工程设计要求与拟套的定额完全不相符

C. 分项工程设计要求与拟套的定额不完全相符，定额允许调整

D. 分项工程设计要求与拟套的定额不完全相符，定额不允许调整

11. 定额换算方法有（　　）。

A. 系数换算法　　B. 比例换算法　　C. 装饰用砂浆配合比换算法

D. 装饰用砂浆厚度换算法　　E. 材料用量换算法

12. 人工费中日工资单价包括（　　）。

A. 基本工资　　B. 住房补贴　　C. 生产工人辅助工资

D. 生产工人劳动保护费　　E. 工资性补贴

班级　　姓名

三 根据本地区定额，查找计算与下列装饰装修工程名称相对应的定额编号及基价

1. 双扇一玻一纱木窗框扇制作。
2. 豪华拉手安装。
3. 木龙骨镜面不锈钢包门框。
4. 木芯板门窗套(无骨架)外贴柚木板。
5. 水泥砂浆彩釉砖楼地面。
6. 铝质防静电活动地板。
7. 硬木拼花地板粘贴在水泥面上。
8. 不锈钢钢管扶手有机玻璃栏板。
9. 砖墙面挂贴花岗岩，灌缝砂浆 30mm 厚。
10. 木龙骨软包内墙。
11. 全隐框茶色玻璃幕墙。
12. 木地板满刮腻子地板漆三遍。
13. 柜台(带柜)两面玻璃。
14. 镜面不锈钢条 60mm 以内。
15. 墙面贴镜面玻璃，粘贴在胶合板上。
16. 铝合金龙骨基层隐框玻璃幕墙。
17. 雨篷钢龙骨银矿铝塑板。
18. 混凝土面天棚混合砂浆预制板底勾缝。
19. 弧形铝合金门制作。
20. 单层木门防火涂料两遍。

班级　　　　姓名

四 计算题

1. 某工程办公室内踢脚板设计为 180mm 高陶瓷砖，试根据本地区定额确定其定额基价。

2. 某工程墙裙设计为 1∶2 水泥砂浆贴陶瓷砖，试计算定额基价。

3. 某工程砖墙面采用水刷白石子，设计要求 14 厚 1∶3 水泥砂浆打底，12 厚 1∶1.5 水泥白石子浆面层，其他做法与定额相同，试计算该项目的定额基价。

班级　　　　姓名

4. 某工程采用平板玻璃栏板不锈钢管扶手，其工程量为 420.8m，根据设计图纸计算的不锈钢管（ϕ32mm×1.5mm）的实际用量为 469.88m（包括各种损耗），试确定其换算后的定额基价。

5. 某工程制作单扇无亮无纱镶板门门扇，设计规定无纱镶板门扇立挺毛料断面为 50mm×105mm，试计算换算后的定额基价。

班级　　　　姓名

6. 某装饰工程中不锈钢钢管扶手茶色全玻栏板工程量为400m，试根据本地区定额确定其直接工程费、人工费、材料费和机械费。

7. 某工程中圆弧形砖墙水刷石工程量为550m^2，试根据本地区定额计算该分项工程人工、主材需用量。

8. 某水泥砂浆抹砖墙面300m^2，水泥砂浆厚度为15mm+5mm，试计算该分项工程的直接工程费、人工费、材料费、机械费及人工、机械、水泥和砂的用量。

班级　　　　姓名

第四章 定额计价模式下建筑装饰装修工程计量

一 选择题(工程量概述)

1. 以下关于工程量的说法不正确的是(　　)。

   A. 工程量可反映建筑装饰装修工程的工作内容、实体构成及数量

   B. 工程量是表示分项工程或结构构件的数量

   C. “个”、“块”表示物理的计量单位

   D. 工程量是用自然的、物理的计量单位表示的

2. 以下分项工程单位正确的是(　　)。

   A. 1/2 混水砖墙分项的单位是“m^3”

   B. 轻钢龙骨双面矿棉板隔断分项的单位是“m”

班级　　　　姓名

C. 店牌制作安装分项工程的单位是个

D. 不锈钢栏杆扶手分项的单位是“m^2”

3. 工程量计算的依据是(　　)。

A. 招标文件　　B. 材料市场价

C. 施工合同　　D. 施工图纸

4. 工程量计算的原则是(　　)。

A. 要按照一定的顺序计算

B. 计算口径要一致,避免重复列项或漏项

C. 计量单位要一致

D. 工程量计算与计算规则要一致,避免错算

5. 工程量计算的程序有(　　)。

A. 列出计算式　　B. 计算出正确结果

C. 列项　　D. 填写单位工程计算表

班级　　姓名

二 单项选择题（建筑面积）

1. 以下关于建筑面积计算说法正确的是（　　）。

A. 建筑物内有围护结构的舞台灯光控制室按其外围水平面积的一半计算建筑面积

B. 室外辅助楼梯按其自然层投影面积之和计算建筑面积

C. 建筑物前的混凝土台阶按其水平投影面积的一半计算建筑面积

D. 建筑物间有顶盖的架空走廊按其顶盖水平投影面积的一半计算建筑面积

2. 已知某四层办公楼，每层外墙外围面积为 $1008m^2$；室外设有楼梯，且无顶盖，共三个自然层，每层投影面积 $10m^2$；大门外设有投影面积为 $18m^2$ 的条石台阶；门口设悬挑宽度为 1.6m 水平投影面积为 $4.8m^2$ 的雨篷，则此办公楼的建筑面积为（　　）m^2。

A. 4047　　B. 4051.8　　C. 4042　　D. 4084.8

3. 某三层办公楼每层外墙结构外围水平面积均为 $670m^2$，一层为车库，层高 2.2m。二至三层为办公室，层高 3.2m。一层设有挑出墙外 1.5m 的无柱外挑檐廊，檐廊顶盖水平投影面积为 $66.5m^2$，该办公楼的建筑面积为（　　）m^2。

A. 1340.00　　B. 1373.75　　C. 2043.25　　D. 2077.50

4. 下列项目应计算建筑面积是（　　）。

A. 地下室的采光井　　B. 室外台阶

C. 建筑物外悬挑宽度为 2.2m 的雨篷　　D. 穿过建筑物的通道

5. 某高校新建一栋六层教学楼，建筑面积 $18000m^2$，经消防部门检查认定，建筑物内楼梯不能满足紧急疏散要求。为此又在两端墙外各增设一部室外疏散楼梯，每层楼梯间的水平投影面积为 15 m^2。根据《建筑工程建筑面积计算规则》（GB/T 50353—2005）的规定，该教学楼的建筑面积应为（　　）m^2。

A. 18192　　B. 18160　　C. 18090　　D. 18000

班级　　　　姓名

6. 一栋六层的住宅楼，勒脚以上结构的外围水平面积每层为 500m²，六层无围护结构的挑阳台的水平投影面积之和为 200m²，则该工程的建筑面积为(　　) m²。

A. 700　　B. 3000　　C. 3200　　D. 3100

7. 上下两个错层户室共用的室内楼梯，建筑面积应按(　　)。

A. 上一层的自然层计算　　B. 下一层的自然层计算

C. 上一层的结构层计算　　D. 下一层的结构层计算

8. 建筑物顶层设有围护结构电梯机房，按外围水平面积可全部计算建筑面积的，其规定的层高高度应在(　　)。

A. 1. 80m 及以上　　B. 2. 00m 及以上　　C. 2. 20m 及以上　　D. 2. 80m 及以上

9. 相邻建筑物之间层高超过 2. 2m 有围护结构的架空走廊建筑面积计算，说法正确的是(　　)。

A. 按水平投影面积的 1/2 计算

B. 按其围护结构外围水平面积的 1/2 计算

C. 按围护结构的外围水平面积计算建筑面积

D. 不计算建筑面积

10. 关于建筑面积计算，说法正确的是(　　)。

A. 建筑物顶部有围护结构的水箱间层高不足 2. 2m 的，按 1/2 计算面积

B. 建筑物凹阳台计算全部面积，挑阳台按 1/2 计算面积

C. 设计不利用的深基础架空层层高不足 2. 2m 的，按 1/2 计算面积

D. 建筑物雨篷外挑宽度超过 1. 2m 的，按水平投影面积的 1/2 计算

班级　　　　姓名

三 多项选择题（建筑面积）

1. 下列说法正确的是（　　）。

A. 建筑物内有顶盖的门厅、大厅，无论其高度如何，均按一层计算建筑面积
B. 建筑物内无顶盖的大厅不计算建筑面积
C. 门厅、大厅内设有回廊时，应按其结构底板水平面积计算
D. 建筑物内无顶盖的大厅应计算建筑面积
E. 门厅、大厅内设有回廊时，应按其围护结构的水平面积计算

2. 下列项目中按一半计算建筑面积的有（　　）。

A. 外挑宽度在 1.5m 以上的有盖无围护结构的走廊
B. 挑出墙外大于 1.5m 的有盖有围护结构的走廊
C. 单排柱的车棚站台
D. 无围护结构的凹阳台
E. 有围护结构的电梯机房

3. 下列按水平投影面积的 1/2 计算建筑面积的有（　　）。

A. 有围护结构的阳台　　B. 有永久性顶盖室外楼梯　　C. 单排柱车棚
D. 独立柱雨篷　　E. 屋顶上的水箱

4. 关于建筑面积计算，说法正确的有（　　）。

A. 悬挑雨篷应按水平投影面积的一半计算
B. 建筑物之间的地下人防通道不计算
C. 悬挑宽度为 1.6m 的檐廊按水平投影面积的 1/2 计算
D. 有围护结构的挑阳台按水平面积的一半计算
E. 无围护结构的凹阳台按水平面积的一半计算

5. 按照建筑面积计算规则，不计算建筑面积的是（　　）。

A. 层高在 2.1m 以下的场馆看台下的空间
B. 不足 2.2m 高的单层建筑
C. 层高不足 2.2m 的立体书库
D. 外挑宽度在 2.1m 以内的雨篷
E. 建筑物内 2.2m 高的设备管道夹层

班级　　　　姓名

6. 关于建筑物间的架空走廊建筑面积的计算，下列说法正确的是（　　）。

A. 有围护结构的，层高 $h \geq 2.20$m，按其围护结构外围水平面积计算全面积

B. 有围护结构的，层高 $h<2.20$m，不计算建筑面积

C. 作为通道使用，无永久性顶盖、无围护结构、侧面为玻璃型钢栏杆的架空走廊计算 1/2 的建筑面积

D. 有永久性顶盖、无围护结构、侧面为玻璃型钢栏杆的架空走廊应按其结构底板水平面积的 1/2 计算

7. 关于单层建筑物坡屋顶内建筑面积，下列说法不正确的是（　　）。

A. 当层高 $1.2\text{m}<h \leq 2.1$m，按围护结构外围水平面积的 1/2 面积计算建筑面积

B. 当层高 $h \geq 2.10$m，按其围护结构外围水平面积计算全部建筑面积

C. 当设计不加以利用时，不计算建筑面积

D. 当层高 $h=1.2$m，不计算建筑面积

8. 关于坡地的建筑物吊脚架空层的建筑面积，下列说法正确的是（　　）。

A. 设计加以利用并有围护结构的，层高 $h \geq 2.20$m，按围护结构外围水平面积计算全面积

B. 设计加以利用并有围护结构的，层高 $h<2.20$m，按围护结构外围水平面积计算 1/2 面积

C. 设计加以利用无围护结构的，按利用部位水平面积的 1/2 计算建筑面积

D. 设计不加利用时，不计算建筑面积

9. 按建筑物的自然层计算建筑面积的项目有（　　）。

A. 观光电梯井　　B. 管道井　　C. 室外台阶　　D. 室外楼梯

10. 下列各项应该计算建筑面积的是（　　）。

A. 露台　　B. 落地橱窗　　C. 室外台阶　　D. 落地阳台

E. 装饰性幕墙

班级　　姓名

四 计算题(建筑面积)

1. 计算如图 4-1 所示建筑物的建筑面积。

2. 计算如图 4-2 所示建筑物的建筑面积(C-1、C-2 为飘窗)。

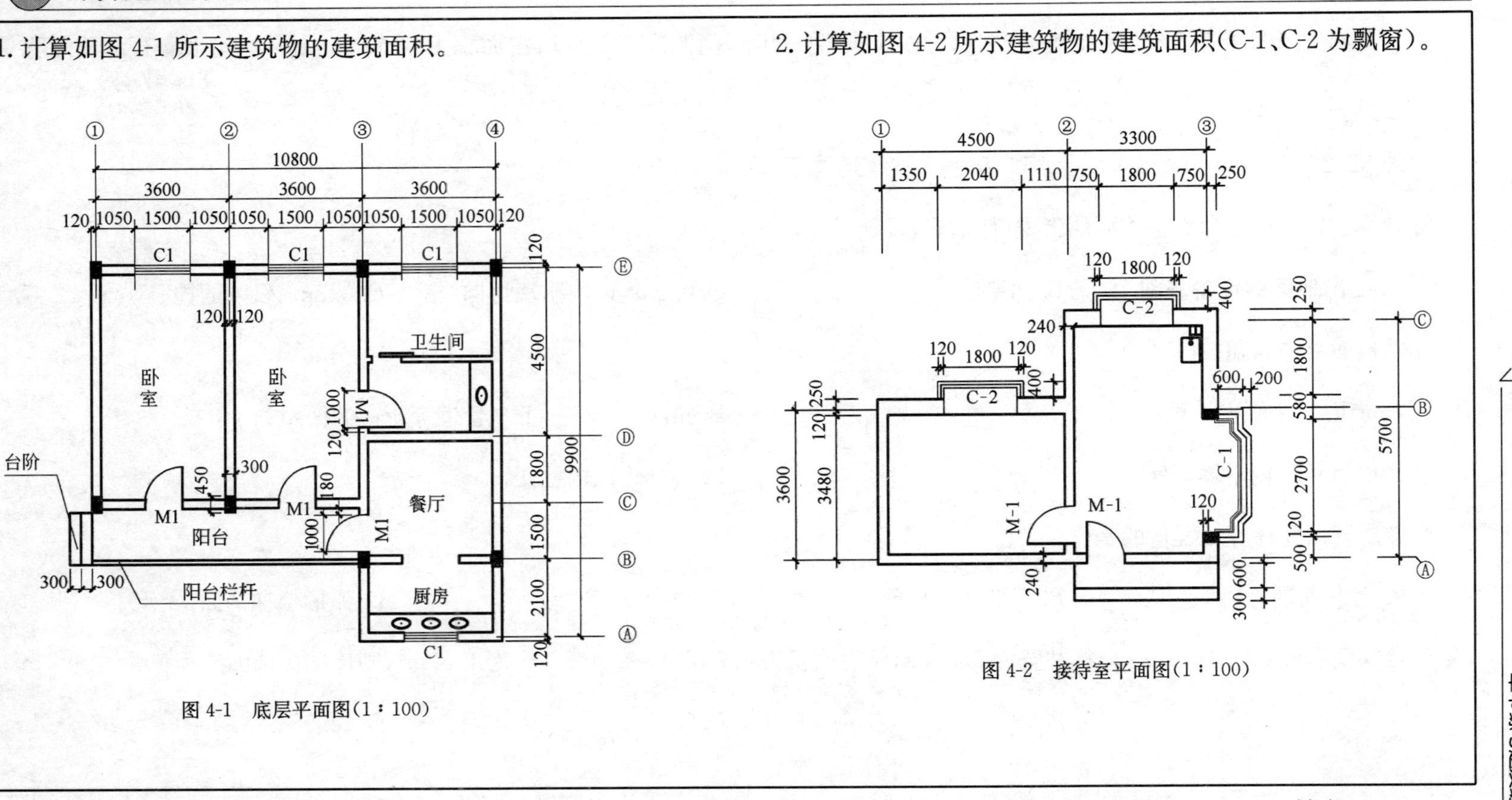

图 4-1　底层平面图(1∶100)

图 4-2　接待室平面图(1∶100)

班级　　　　姓名

五 单项选择题(地面)

1. 一房间主墙间净空面积为 54.6m^2，柱、垛所占面积为 2.4m^2，门洞开口部分所占面积为 0.56m^2，则该房间水磨石地面工程量为(　　)m^2。

A. 52.20　　B. 52.76　　C. 57.56　　D. 54.60

2. 计算装饰工程楼地面整体面层工程量时，应扣除(　　)。

A. 凸出地面的设备基础　　B. 间壁墙　　C. 0.3m^2 以内附墙烟囱　　D. 0.3m^2 以内的柱

3. 楼地面装饰面积按(　　)。

A. 饰面的净面积计算　　B. 扣除 ϕ100 上、下水管道等所占的面积

C. 0.3m^2 以内附墙烟囱　　D. 0.3m^2 以内柱

4. 按展开面积计算工程量的是(　　)。

A. 台阶面层　　B. 直形楼梯饰面　　C. 蹲台　　D. 弧形楼梯饰面

5. 楼梯间净面积为 18.5m^2，楼梯井宽为 300mm，所占面积为 0.9m^2，楼梯侧面面积为 1.38m^2，则该楼梯饰面工程量为(　　)m^2。

A. 17.6　　B. 18.5　　C. 19.88　　D. 18.98

班级　　　　姓名

六 多项选择题(地面)

1. 台阶面层工程量(　　)。

A. 按水平投影面积计算　　B. 包括梯带

C. 包括踏步及最上一层踏步沿 300mm　　D. 包括牵边

2. 楼梯装饰工程量(　　)。

A. 按展开面积计算　　B. 按水平投影面积计算

C. 减去 600mm 宽的楼梯井　　D. 包括休息平台

3. 按零星项目计算面积的是(　　)。

A. 池槽　　B. 楼梯侧面

C. 台阶牵边　　D. 楼梯顶面

4. 按水平投影面积计算工程量的是(　　)。

A. 台阶饰面　　B. 楼梯装饰面层

C. 楼地面装饰　　D. 小便池饰面

5. 下列说法错误的是(　　)。

A. 楼梯扶手工程量按延长米计算

B. 楼梯扶手工程量中包含弯头的长度

C. 楼梯扶手工程量应扣减弯头的长度

D. 楼梯扶手弯头工程量不另计算

班级　　　　姓名

七 计算题(地面)

1. 根据如图 4-3 所示列项计算工程量,并根据本地区定额查出分项工程基价。

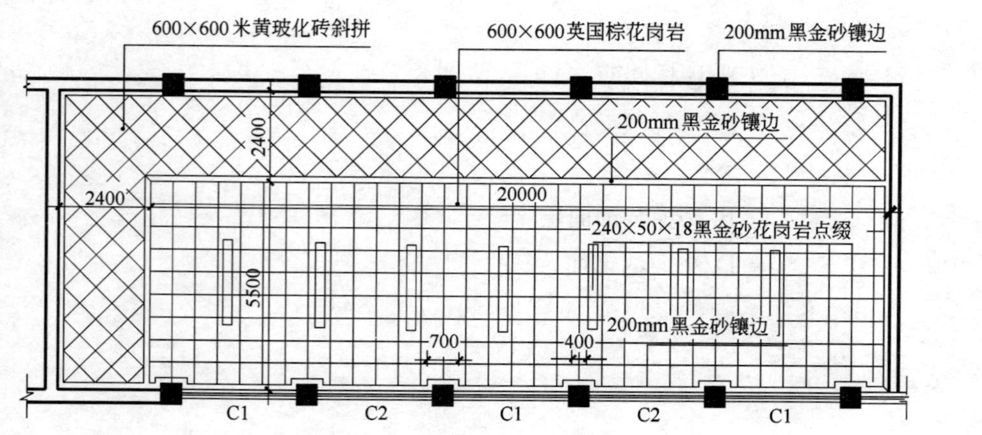

图 4-3 花岗岩地面施工图

2. 计算如图 4-4 所示花岗岩地面、台阶、花池贴面工程量,并根据本地区定额查出分项工程基价。(花池内部不计算)

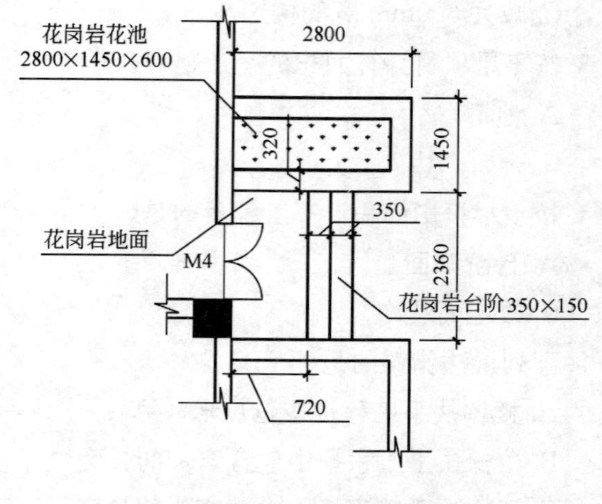

图 4-4 台阶、花池平面图

班级 姓名

八 单项选择题(墙面)

1. 外墙面装饰抹灰工程量(　　)。

A. 按实际抹灰面积计算　B. 扣除门窗洞口　C. 增加门窗洞口侧壁面积　D. 附墙柱侧面另算

2. 阳台栏板内侧装饰抹灰(　　)。

A. 按垂直投影面积计算　B. 扣除花格所占孔洞面积

C. 按内侧净面积计算　D. 不扣除花格所占孔洞面积

3. 墙面贴块料面层工程量(　　)。

A. 按实贴面积计算　B. 按垂直投影面积计算

C. 扣除 $0.3m^2$ 以内的孔洞所占的面积　D. 不增加孔洞侧壁面积

4. 以展开面积计算的是(　　)。

A. 柱面抹灰　B. 成品踢脚线　C. 花岗岩门窗套　D. 大理石墙裙

5. 关于隔断工程量计算说法错误的是(　　)。

A. 隔断按墙的净长乘净高计算,扣除门窗洞口所占面积,门窗另外列项计算

B. 全玻隔断的不锈钢边框工程量按投影面积计算

C. 全玻隔断、全玻幕墙如有加强肋者,工程量按展开面积计算

D. 玻璃幕墙、铝板幕墙以框外围面积计算

班级　　　　姓名

九 多项选择题(墙面)

1. 外墙面装饰抹灰工程量(　　)。

A. 附墙柱侧面并入　　B. 按垂直投影面积计算

C. 扣除 0.1m^2 以上的孔洞所占的面积　　D. 不增加孔洞侧壁面积

2. 下列关于柱装饰饰面工程量正确的是(　　)。

A. 柱子挂贴大理石项目中的柱墩属零星项目,按米计算

B. 柱抹灰按结构断面周长乘高计算

C. 柱饰面面积按外围饰面尺寸乘以高度计算

D. 水刷石柱帽抹灰工程按米计算

3. 女儿墙内侧装饰抹灰(　　)。

A. 包括泛水　　B. 不包括挑砖

C. 按垂直投影面积乘以系数计算　　D. 按墙面定额执行

4. 按装饰抹灰面面积计算工程量的是(　　)。

A. 外墙面抹灰　　B. 装饰抹灰分格

C. 装饰抹灰嵌缝　　D. 内墙面抹灰

5. 以下属于镶贴块料的“零星项目”的是(　　)。

A. 窗台线　　B. 雨篷周边

C. 压顶　　D. 扶手

班级　　姓名

十 计算题(墙面)

1. 计算如图 4-5 所示墙面正立面水刷石工程量(已知柱面离墙 200mm),并根据本地区定额查出分项工程基价。

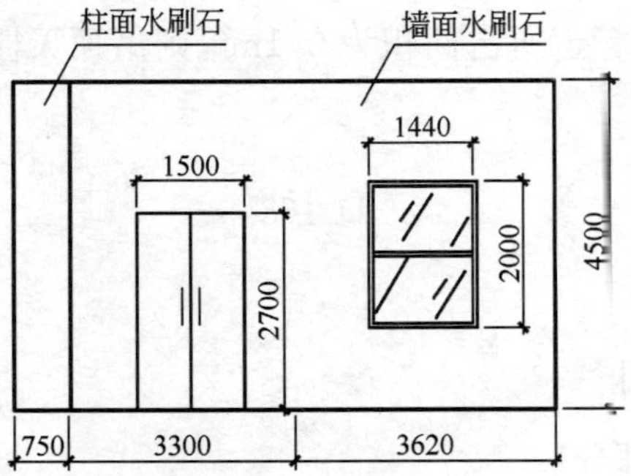

图 4-5　水刷石外墙面立面图

2. 如图 4-6 所示,已知柱侧离墙 240mm,计算花岗岩墙面正立面工程量,并根据本地区定额查出分项工程基价。

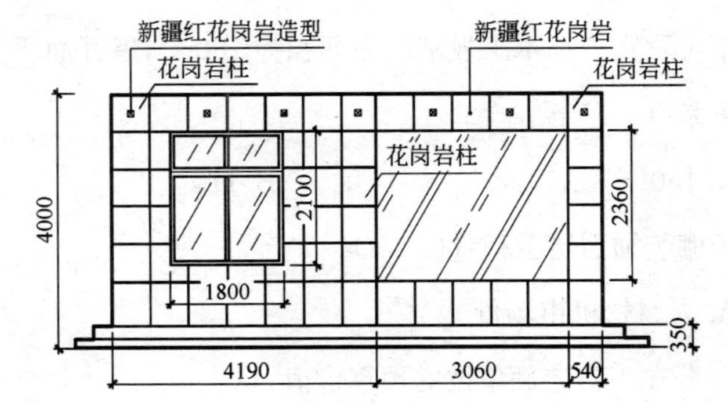

图 4-6　花岗岩外墙面立面图

班级　　　　姓名

十一 单项选择题(顶面)

1. 吊顶天棚龙骨工程量(　　)。

A. 按主墙间净面积计算　　B. 扣除间壁墙所占面积　　C. 扣除独立柱所占面积　　D. 扣除检查洞所占面积

2. 某工程室内净面积为 50m²,柱垛面积为 0.48m²,管道面积为 0.1m²,则吊顶天棚龙骨的工程量为(　　)m²。

A. 49.52　　B. 50　　C. 49.9　　D. 49.42

3. 某工程室内细木工板基层净面积为 150m²,展开面积为 20m²,柱垛所占面积为 6m²,管道所占面积为 0.1m²,则吊顶天棚基层的工程量是(　　)m²。

A. 150　　B. 170　　C. 164　　D. 163.9

4. 天棚装饰面层工程量(　　)。

A. 人、材、机市场价　　B. 分项工程的费用

C. 分项工程定额单位的预算价值　　D. 综合单价的一部分

5. 以下关于计算灯光槽工程量说法错误的是(　　)。

A. 灯光槽按延长米算

B. 灯光槽按平方米算

C. 艺术造型天棚项目中包括灯光槽的制作安装,不需另算

D. 平面、跌级天棚面层工程量计算中已扣除灯光槽所占面积

班级　　　　姓名

十二 多项选择题(顶面)

1. 计算天棚吊顶工程量列项一般根据(　　)。

A. 材料种类　　B. 人工工种　　C. 材料规格　　D. 施工工艺

2. 天棚装饰面层工程量(　　)。

A. 按主墙间实钉(胶)面积以平方米计算

B. 不扣除间壁墙、检查口、附墙烟囱、垛和管道所占面积

C. 应扣除 0.3m^2 以上的孔洞、独立柱、等槽及与天棚相连的窗帘盒所占面积

D. 按主墙间净面积计算

3. 天棚基层工程量(　　)。

A. 扣除独立柱所占面积　　B. 按主墙间净面积计算　　C. 按展开面积计算　　D. 扣除 0.4m^2 孔洞所占面积

4. 定额中龙骨、基层、面层合并列项的子目是(　　)。

A. 铝合金格栅天棚　　B. 织物软吊顶　　C. 玻璃采光天棚　　D. 木格栅天棚

5. 关于楼梯底面的装饰工程量说法正确的是(　　)。

A. 楼梯底面的装饰工程量包括楼梯段底面装饰和平台底面装饰两部分

B. 板式楼梯底面的装饰工程量按水平投影面积乘 1.15 系数计算

C. 梁式楼梯底面按展开面积计算

D. 梁式楼梯底面斜平顶工程量与锯齿顶面工程量计算规则不同

班级　　　　姓名

十三 计算题（顶面）

1. 计算如图 4-7 所示天棚龙骨工程量，并根据本地区定额查出分项工程基价。

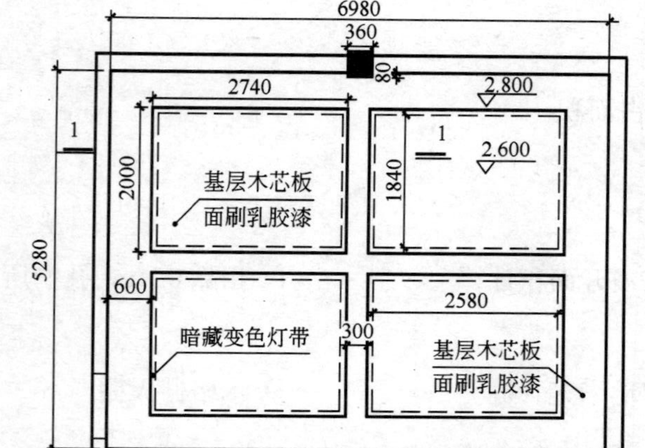

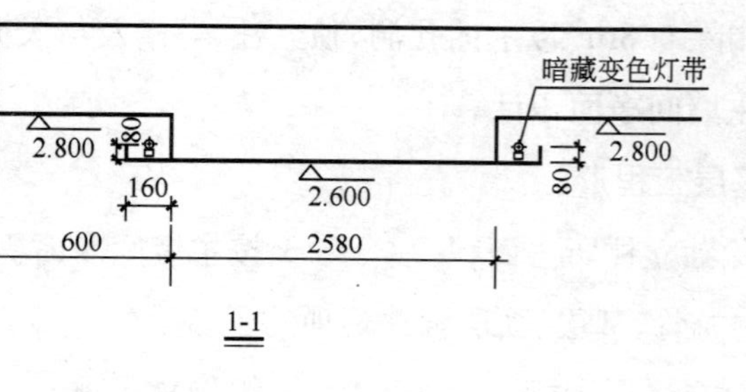

图 4-7　天棚面布置图

班级　　　　姓名

2. 计算如图 4-8 所示，计算天棚龙骨工程量，并根据本地区定额查出分项工程基价。

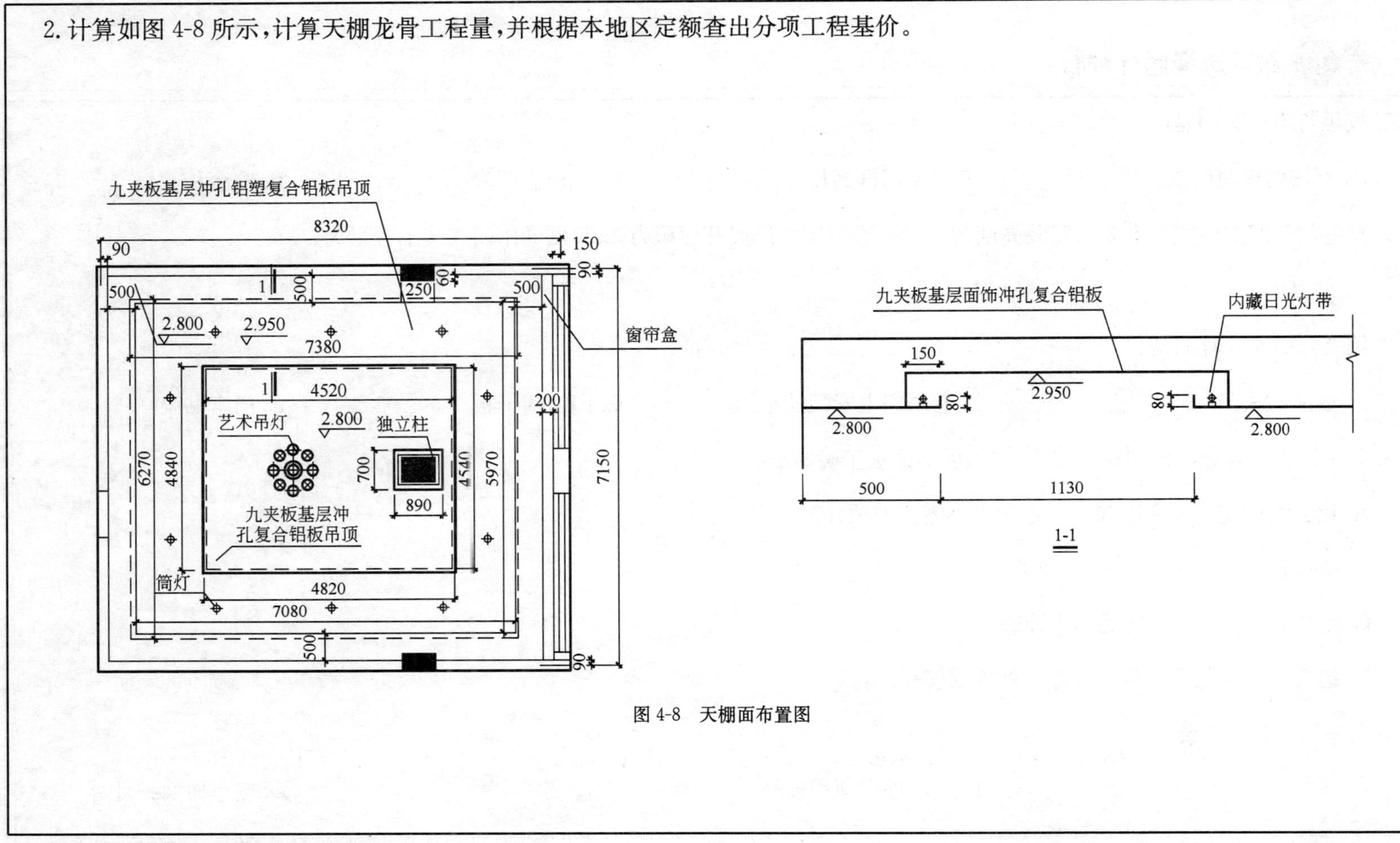

图 4-8 天棚面布置图

班级　　　　姓名

十四 单项选择题（门窗）

1. 按延长米计算的是（　　）。

A. 不锈钢板包门框　　B. 实木门框制作　　C. 花岗岩门套　　D. 窗台板

2. 某卷闸门的实际宽度为 3m，安装高度为 3.2m，卷筒罩的按展开面积为 $3m^2$，则卷闸门安装工程量为（　　）m^2。

A. 14.4　　B. 11.4　　C. 9.6　　D. 12.6

3. 按展开面积计算的是（　　）。

A. 成品防火门　　B. 卷闸门上安装的小门　　C. 门窗筒子板　　D. 门窗贴脸

4. 关于计算铝合金门窗制作安装工程量，以下说法正确的是（　　）。

A. 铝合金门窗小五金已包含在定额中不需另列项计算

B. 特殊五金不需另算

C. 铝合金门窗小五金需另列项计算

D. 铝合金门窗制作安装工程量以框外围尺寸计算

5. 实木门扇制作安装（　　）。

A. 按洞口尺寸计算　　B. 按扇外围面积计算　　C. 按“扇”计算　　D. 按单面面积计算

班级　　　　姓名

十五 多项选择题(门窗)

1. 按洞口面积以平方米计算的是(　　)。

A. 铝合金门窗安装　　B. 纱扇制作安装　　C. 彩板组角门窗安装　　D. 塑钢门窗安装

2. 卷闸门安装工程量计算(　　)。

A. 按其安装高度乘以门的实际宽度以平方米计算

B. 带卷筒罩的按展开面积增加

C. 电动装置安装以套计算

D. 小门安装以个计算,小门面积扣除

3. 按框外围面积以平方米计算的是(　　)。

A. 防火卷帘门　　B. 成品防火门　　C. 防盗门　　D. 不锈钢格栅门

4. 按延长米计算的是(　　)。

A. 门窗贴脸　　B. 窗帘轨　　C. 实木门框　　D. 窗帘盒

5. 按单面面积计算的是(　　)。

A. 电子感应门　　B. 木门扇皮制隔声面层　　C. 木门装饰板隔声面层　　D. 成品门扇安装

班级　　　　姓名

十六 计算题(门窗)

1. 计算如图 4-9 所示各门窗工程量,并根据本地区定额查出分项工程基价。

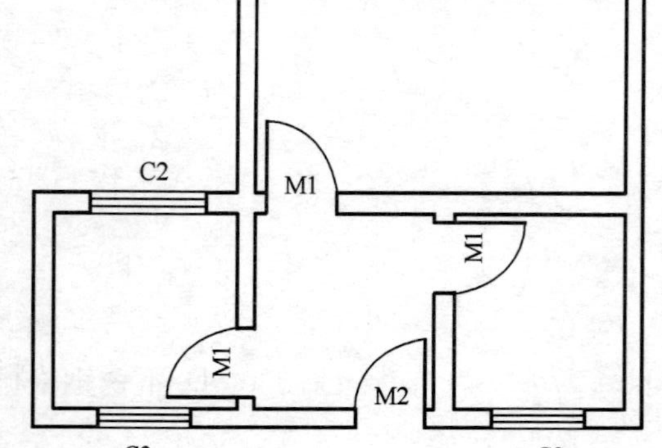

门　窗	材　料	规　格	数　量
M1	铝合金	900×2100	3
M2	夹板	900×2700	1
C1	铝合金	1500×1800	2
C2	钢窗	1200×1500	1
C3	钢窗	1000×1500	2

图 4-9　办公室平面图

班级　　　　姓名

十七 单项选择题（油漆裱糊工程）

1. 计算油漆工程量按实刷展开面积的是（　　）。

A. 筒子板　　B. 衣柜、壁柜　　C. 门窗套　　D. 木方格吊顶天棚

2. 木楼梯（不包括底面）刷油漆执行（　　）。

A. 木地板定额　　B. 其他木材面定额　　C. 木扶手定额　　D. 木楼梯定额

3. 双层（一玻一纱）钢门窗刷油漆按（　　）计算。

A. 展开面积　　B. 框（扇）外围面积　　C. 洞口面积　　D. 窗长×窗宽

4. 关于计算钢栅栏门、栏杆、窗栅油漆工程量说法不正确的是（　　）。

A. 按质量（t）　　B. 工程量需乘以 1.71 的系数　　C. 执行单层钢门窗定额　　D. 执行其他金属面定额

5. 关于计算防火漆涂料分项工程工程量说法不正确的是（　　）。

A. 隔墙、护壁木龙骨按其面层正立面投影面积计算

B. 柱木龙骨按其面层外围面积计算

C. 天棚木龙骨按其水平投影面积计算

D. 木地板中木龙骨及木龙骨带毛地板按展开面积计算

班级　　　　姓名

十八 多项选择题(油漆裱糊工程)

1. 下列各计算分项工程油漆工程量正确的是(　　)。

A. 混凝土花格窗、栏杆花饰单面外围面积，工程量乘以1.82的系数

B. 楼地面、天棚、墙、柱、梁面按展开面积计算

C. 混凝土楼梯底(梁式)按水平投影面积计算

D. 混凝土楼梯底(板式)按展开面积计算

2. 按单面洞口面积计算油漆工程量并需要乘以系数的是(　　)。

A. 双层(一玻一纱)木门　B. 单层木门　C. 单层玻璃窗　D. 单层全玻门

3. 按延长米计算油漆工程量的是(　　)。

A. 踢脚线　B. 木扶手(不带托板)　C. 封檐板、顺水板　D. 窗帘盒

4. 按展开面积计算油漆工程量的是(　　)。

A. 零星木装修　B. 梁柱饰面　C. 木护墙、木墙裙　D. 木方格吊顶天棚

5. 按单面外围面积计算油漆工程量的是(　　)。

A. 暖气罩　B. 吸音板墙面、天棚面　C. 玻璃间壁露明墙筋　D. 木栏杆、木栏杆(带扶手)

班级　　　　姓名

十九 计算题(油漆裱糊工程)

1. 如图 4-10 所示某办公楼会议室双开门节点图,门洞尺寸为 1.5m×2.1m,墙厚 240mm,试根据计算规则,分别计算其门套、门贴脸、门扇、门线条的油漆工程量,并根据本地区定额查出分项工程基价。

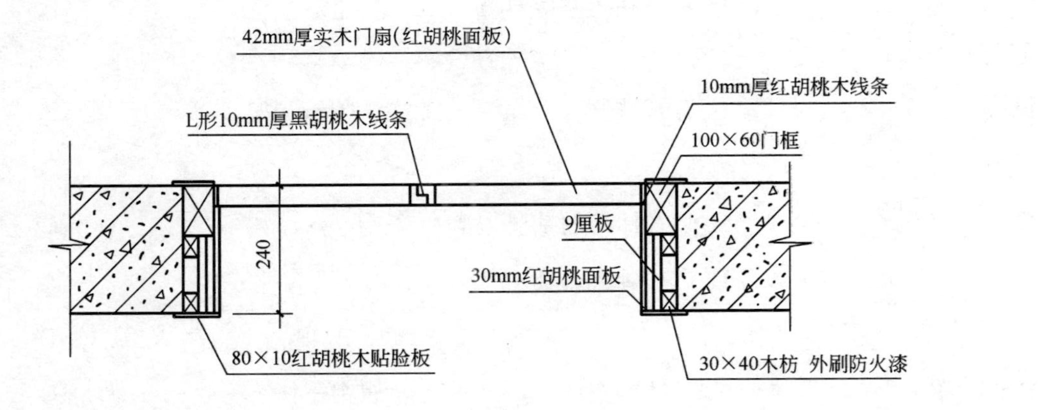

图 4-10 双开门节点图

2. 某仓库窗扇装有防盗钢窗栅,四周外框及两横档为 30mm×30mm×2.5mm 的角钢,30 角钢 1.18kg/m,中间为 $\phi8$ 钢筋,$\phi8$ 钢筋 0.395kg/m,根据计算规则,试计算如图 4-11 所示防盗钢窗栅油漆工程量,并根据本地区定额查出分项工程基价。

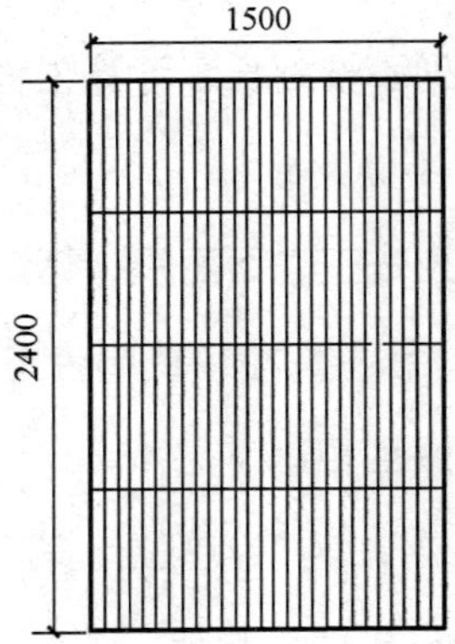

图 4-11 防盗钢窗栅大样图

班级　　　　姓名

二十 单项选择题(其他工程)

1. 大理石盥洗台工程量(　　)。

A. 扣除台面孔洞面积　　B. 以台面投影面积计算　　C. 以“个”计算　　D. 以大理石体积计算

2. 美术字安装是(　　)。

A. 按字的最大外围矩形面积计算　　B. 以个计算

C. 按字的平均外围矩形面积计算　　D. 按最长边长度计算

3. 下列不按延长米计算工程量的是(　　)。

A. 不锈钢旗杆　　B. 木装饰线　　C. 石膏装饰　　D. 广告牌钢骨架

4. 下列按正立面面积计算工程量的是(　　)。

A. 沿雨篷、檐口或阳台走向的立式招牌基层　　B. 竖式标箱的基层

C. 平面招牌基层　　D. 广告牌钢骨架

5. 下列以“吨”为单位计算工程量的是(　　)。

A. 广告牌钢骨架　　B. 挂板式暖气罩　　C. 不锈钢旗杆　　D. 金属帘子杆

6. 下列以“个”为单位计算工程量的是(　　)。

A. 鞋柜　　B. 木质收银台　　C. 货柜　　D. 酒店大堂大理石收银台

班级　　　　姓名

二十一 多项选择题(其他工程)

1. 以下属于其他工程的项目是(　　)。

A. 有机玻璃灯箱面层　　B. 广告牌钢骨架　　C. 木质美术字安装　　D. 木楼梯制作

2. 箱体招牌和竖式标箱的基层(　　)。

A. 按展开面积计算　　B. 按正立面面积计算

C. 凸出箱外的灯饰另行计算　　D. 按外围体积计算

3. 下列以延长米为单位计算的是(　　)。

A. 收银台　　B. 酒吧台　　C. 展台　　D. 试衣间

4. 下列以“副”为单位计算工程量的是(　　)。

A. 浴缸拉手　　B. 毛巾杆安装　　C. 肥皂盒　　D. 金属帘子杆

5. 以下关于货架、柜橱类工程量说法正确的是(　　)。

A. 货架、柜橱类均以正立面的高乘以宽以平方米计算

B. 不包括货架、柜橱脚的高度在内

C. 货架、柜橱类面板拼花及饰面板上贴其他材料的花饰、造型艺术品另算

D. 货架、柜橱类工程量以延长米计算

班级　　　　姓名

 计算题(其他工程)

根据图 4-12 大理石收银台大样图,计算大理石收银台工程量。

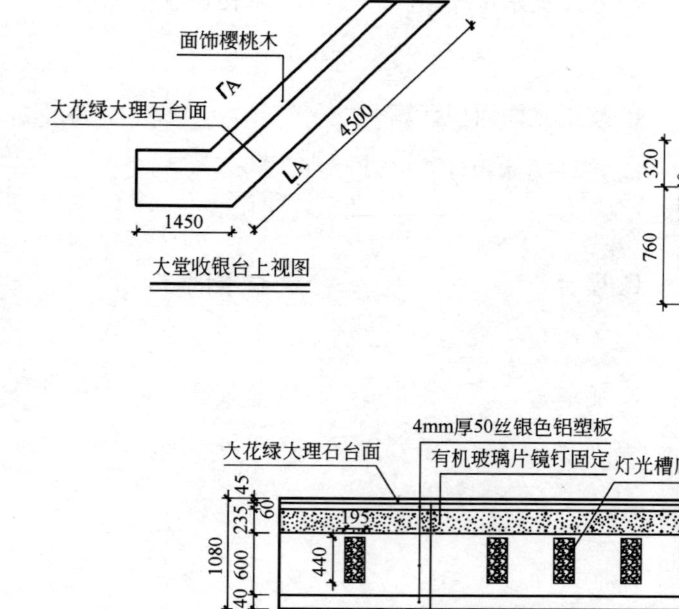

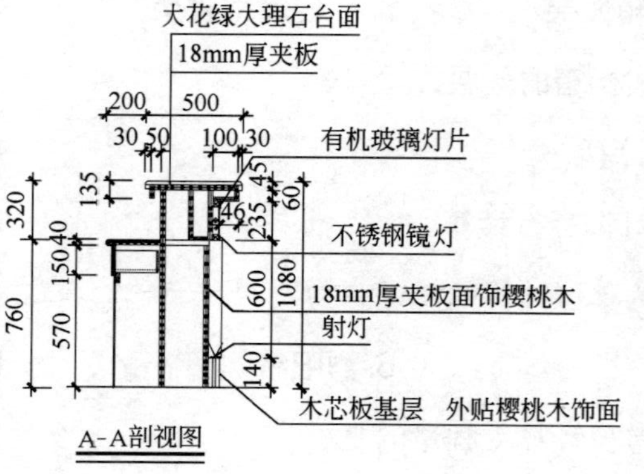

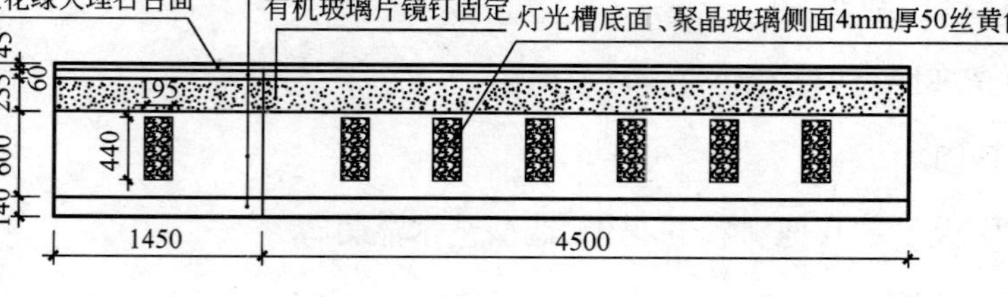

图 4-12 大理石收银台大样图

班级　　　　姓名

二十三 脚手架及项目成品保护工程（根据各地区定额规定进行补充、练习）

1. 装饰装修脚手架及项目成品保护费是如何划分项目的？

2. 满堂脚手架工程量如何计算？超高增加费如何计算？计算时需要注意什么问题？

3. 装饰装修外墙脚手架工程量计算规则是什么？内墙面粉饰脚手架如何计算？需要注意什么问题？

4. 装饰装修项目成品保护工程量如何计算？需要注意什么问题？

班级　　　　姓名

5. 计算某室内净面积为 $120m^2$、净高为 9.6m 的天棚吊顶所需满堂脚手架的工程量。

6. 根据如图 4-8 所示天棚吊顶布置图(已知天棚面净高为 7.8m)及本地区定额规定计算满堂脚手架工程量。

班级　　　　姓名

二十四 垂直运输费

1. 单层建筑物垂直运输和超高增加费是如何计算的？

2. 多层建筑物垂直运输和超高增加费是如何计算的？

3. 单层和多层建筑物计算超高增加费的计取条件是什么？包含哪些内容？

班级　　　　姓名

4. 根据如图 4-13 所示外墙外边线及檐高尺寸，计算建筑物外墙挂贴花岗岩垂直运输费。

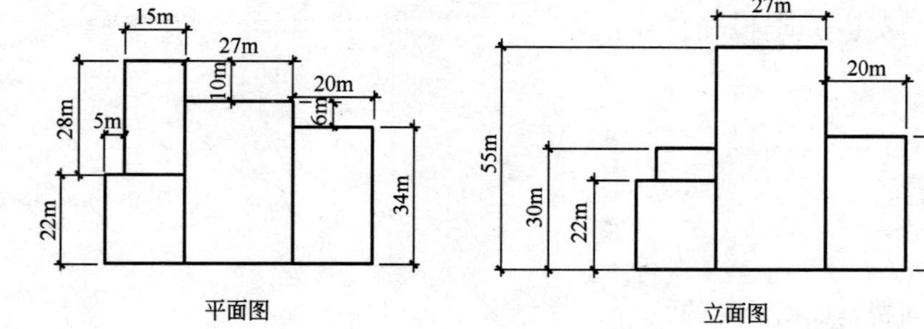

图 4-13 平面图、立面图示意图

班级 姓名

第五章 定额计价模式下建筑装饰装修工程计费

一 单项选择题

1. 根据现行建筑安装工程费用构成的有关规定，下列费用中不属于建筑工程直接费中人工费的是（　　）。

   A. 生产工人探亲期间的工资　　B. 生产工人调动工作期间的工资

   C. 生产工人休病假 10 个月期间的工资　　D. 因气候影响的停工工资

2. 下列费用中不属于直接工程费的是（　　）。

   A. 材料费　　B. 人工费　　C. 工具用具使用费　　D. 施工机械用费

3. 管理人员工资属于（　　）。

   A. 人工费　　B. 规费　　C. 企业管理费　　D. 直接工程费

班级　　　　姓名

4. 住房公积金是(　　)。

A. 企业管理费　　B. 规费　　C. 财产保险费　　D. 利润

5. 夜间施工费属于(　　)。

A. 规费　　B. 企业管理费　　C. 人工费　　D. 措施费

6. 特殊工种安全保险费应属于(　　)。

A. 直接费　　B. 间接费　　C. 直接工程费　　D. 措施费

7. 下列各项中不属于材料预算价格的是(　　)。

A. 材料原价　　B. 材料二次搬运费　　C. 材料运输费　　D. 材料采购费

8. 下列费用中属于直接工程费的是(　　)。

A. 办公费　　B. 现场工人的基本工资　　C. 文明施工费　　D. 管理人员的工资

9. 环境保护费的计费基础是(　　)。

A. 人工费　　B. 材料费　　C. 工程直接费　　D. 人工费加机械费

10. 固定资产使用费应属于(　　)。

A. 企业管理费　　B. 规费　　C. 直接工程费　　D. 利润

11. 脚手架费属于(　　)。

A. 机械费　　B. 企业管理费　　C. 措施费　　D. 规费

12. 工程排污费属于(　　)。

A. 文明施工费　　B. 措施费　　C. 劳动保险费　　D. 规费

班级　　　　姓名

二 多项选择题

1. 定额计价体系下装饰装修工程造价是由(   )组成的。

A. 直接费　　B. 间接费　　C. 利润　　D. 税金

2. 措施费包括(   )。

A. 临时设施费　　B. 工程排污费　　C. 二次搬运费　　D. 工具用具使用费

3. 税金包括(   )。

A. 营业税　　B. 城市建设维护税　　C. 教育费附加　　D. 财产保险费

4. 以下属于企业管理费的是(   )。

A. 固定资产使用费　　B. 印花税　　C. 职工教育经费　　D. 财务费

5. 下列费用中,属于建筑安装工程规费项目内容的是(   )。

A. 工程排污费　　B. 工程点交费　　C. 特殊地区施工增加费

D. 土地使用费　　E. 特殊工种安全保险费

6. 下列费用中不属于企业管理费的是(   )。

A. 生产工人劳动保护费　　B. 临时设施费　　C. 管理人员工资

D. 差旅交通费　　E. 脚手架费

班级　　　　姓名

7. 以下属于劳动保险费的是(　　)。

A. 职工退职金　　B. 8个月的病假人员工资　　C. 异地安家补助费　　D. 调动工作期间的工资

8. 下列费用中应该计入施工机械台班单价的是(　　)。

A. 大修理费　　B. 折旧费　　C. 机械保险费

D. 车船使用费　　E. 经常维修费

9. 企业管理费的计费基础是(　　)。

A. 人工费　　B. 材料费　　C. 直接费

D. 人工费与机械费之和　　E. 机械费

10. 利润的计费基础是(　　)。

A. 直接费＋间接费　　B. 直接费

C. 直接工程费＋措施费　　D. 直接费＋管理费＋规费

11. 临时设施包括(　　)。

A. 施工现场100m处水、电、管线等临时设施　　B. 临时宿舍

C. 临时公用事业房屋　　D. 现场办公室

12. 机械台班单价组成内容有(　　)。

A. 机械预算价格　　B. 机械维修费　　C. 养路费　　D. 机械操作人员的工资

班级　　姓名

三 计算题

1. 已知某市区住宅装饰工程直接工程费为1280000元，其中人工费为215400元，措施费为63500元，根据本地区最新的费用定额规定，在定额计价模式下计算：(1)该工程含税工程造价。(2)每平方米装饰工程造价。（注：如果本题所列条件与本地区费用定额有差异，可适当补充）

班级　　　　姓名

2. 已知某装饰工程直接工程费为 2625814.61 元，其中人工费为 411407.57 元，措施费为 84551.23 元，材料价差为 111158.6 元，根据本地区的费用定额规定，在定额计价模式下计算该工程含税工程造价。（注：如果本题所列条件与本地区费用定额有差异，可适当补充）

班级　　　　姓名

第六章
《建设工程工程量清单计价规范》（GB 50500—2008）解释

一 单项选择题

1. 分部分项工程量清单的项目名称应按附录的项目名称结合(　　)工程的实际确定。

A. 在建　　B. 拟建　　C. 建设　　D. 建筑

2. 分部分项工程量清单的项目编码由(　　)位阿拉伯数字组成。

A. 9　　B. 10　　C. 12　　D. 14

3. 下列是补充项目编码的是(　　)。

A. 02B001　　B. 0203B001　　C. 020305B001　　D. 02030506B001

4. (　　)为装饰装修工程工程量清单项目及计算规则，适用于工业与民用建筑物和构筑物的装饰装修工程。

A. 附录 A　　B. 附录 B　　C. 附录 C　　D. 附录 D

班级　　　　姓名

5. 编制工程量清单时出现附录中未包括的项目,(　　)。

A. 工程造价管理机构应作补充

B. 编制人应报住房和城乡建设部标准定额研究所

C. 编制人应作补充

D. 不必报省级或工程造价管理机构备案

6. 下列说法不正确的是(　　)。

A. 暂估价中的材料单价应根据工程造价信息或参照市场价格估算

B. 计日工应根据工程特点和有关计价依据估算

C. 总承包服务费应根据招标文件列出的内容和要求估算

D. 暂估价中的专业工程金额应分不同专业,按有关计价规定估算

7. 招标控制价应在招标时公布,(　　)。

A. 可以上调　　B. 可以下浮　　C. 按招标人的意见确定　　D. 不应上调或下浮

8. 以下不属于措施项目的是(　　)。

A. 安全施工　　B. 已完工程及设备保护　　C. 二次搬运　　D. 围墙铸铁栏杆

9. 合同价是(　　)。

A. 招标人对招标工程限定的最高工程造价

B. 发、承包双方依据国家有关法律、法规和标准规定,按照合同约定确定的最终工程造价

C. 投标人投标时报出的工程造价

D. 发承包双方在施工合同中约定的工程造价

班级　　　　姓名

10. 实行招标的工程合同价款应在中标通知书发出之日起(　　)天内，由发、承包双方依据招标文件和中标人的投标文件在书面合同中约定。

A. 7　　B. 28　　C. 15　　D. 30

11. 发包人应按照合同约定支付工程预付款。支付的工程预付款，按照合同约定在工程(　　)中抵扣。

A. 进度款　　B. 竣工结算　　C. 竣工决算　　D. 工程质量保证金

12. 调整合同价款，招标工程以投标截止日前(　　)天，非招标工程以合同签订前(　　)天为基准日。

A. 7,14　　B. 28,28　　C. 7,28　　D. 30,30

13. 关于工程价款调整，以下说法不正确的是(　　)。

A. 非承包人原因引起的工程变更，引起措施项目发生变化，原措施费中已有的措施项目，按原措施费的组价方法调整

B. 因非承包人原因引起的工程量增减，该项工程量变化在合同约定幅度以内的，应执行原有的综合单价

C. 经发、承包双方确定调整的工程价款，不可作为追加(减)合同价款与工程进度款同期支付

D. 工程价款调整报告应由受益方在合同约定时间内向合同的另一方提出，经对方确认后调整合同价款

14. (　　)是作为工程竣工验收备案、交付使用的必备文件。

A. 竣工决算书　　B. 竣工结算书　　C. 预算书　　D. 工程合同

班级　　姓名

二 多项选择题

1. 工程量清单包括(　　)。

A. 分部分项工程项目　　B. 措施项目　　C. 其他项目

D. 规费项目　　E. 税金项目

2. 暂估价是(　　)。

A. 招标人在工程量清单中提供的用于支付可能发生材料的单价

B. 招标人在工程量清单中提供的用于支付暂时不能确定价格的材料的单价

C. 招标人在工程量清单中提供的用于支付必然发生专业工程的金额

D. 招标人在工程量清单中提供的用于支付可能发生专业工程的金额

3. 综合单价包括(　　)。

A. 人工费　　B. 材料费　　C. 施工机械使用费

D. 企业管理费　　E. 税金

4. 关于招标控制价,以下说法正确的是(　　)。

A. 招标控制价是招标人根据国家或省级、行业建设主管部门颁发的有关计价依据和办法编制的

B. 招标控制价是招标人根据企业定额编制的

C. 招标控制价是对招标工程限定的最高工程造价

D. 招标控制价是对招标工程限定的最合理的工程造价

5. 关于暂列金额,以下说法正确的是(　　)。

A. 用于施工合同签订时尚未确定的材料的采购费

B. 招标人在工程量清单中暂定但并不包括在合同价款中的一笔款项

C. 施工中可能发生的工程变更产生的费用

D. 发生的索赔、现场签证确认等的费用

班级　　　　姓名

6. 编制工程量清单应依据是(　　)。

A. 建设工程设计文件　　B. 企业定额

C. 招标文件及其补充通知、答题纪要　　D. 非常规施工方法　　E. 建标 206 号文

7. 分部分项工程量清单应包括(　　)。

A. 项目编码　　B. 项目名称　　C. 项目特征

D. 计量单位　　E. 工程量

8. 必须采用工程量清单计价的工程建设项目是(　　)。

A. 非国有资金投资的工程建设项目

B. 全部使用国有资金投资的工程建设项目

C. 国有资金投资为主的工程建设项目

D. 以上都不是

9. 工程价款结算文件的编制与核对由(　　)承担。

A. 造价员　　B. 造价工程师　　C. 施工员

D. 资料员　　E. 质检员

10. 工程竣工结算的依据有(　　)。

A. 投标文件　　B. 投标方提供的工程量

C. 双方确认的索赔款　　D. 现场签证事项及价款

班级　　姓名

11. 除合同另有约定外，进度款支付申请应包括下列内容（　　）。

A. 累计已完成的工程价款　　B. 应增加和扣减的变更金额

C. 应增加和扣减的索赔金额　　D. 本付款周期实际应支付的工程价款

12. 下列说法正确的是（　　）。

A. 承包人应在合同约定时间内编制完成竣工结算书

B. 承包人在提交竣工验收报告的同时不必递交竣工结算书

C. 承包人经催促后仍未提供竣工结算书，发包人可根据已有资料办理结算

D. 承包人超过合同约定时间经催促仍未提供竣工结算书，发包人也不可办理结算

13. 因分部分项工程量清单漏项或非承包人原因的工程变更，造成增加新的工程量清单项目，其对应的综合单价按下列哪些方法确定？（　　）

A. 合同中没有适用或类似的综合单价，由承包人自行确定

B. 合同中已有适用的综合单价，按合同中已有的综合单价确定

C. 合同中有类似的综合单价，参照类似的综合单价确定

D. 合同中没有适用或类似的综合单价，由承包人提出综合单价，经发包人确认后执行

14. 发、承包双方发生工程造价合同纠纷时，应通过下列哪些办法解决？（　　）

A. 按合同约定向仲裁机构申请仲裁　　B. 双方协商

C. 向工程造价管理机构提请调解　　D. 向人民法院起诉

班级　　　　姓名

第七章 清单计价模式下建筑装饰装修工程计量

一 单项选择题(地面)

1. 现浇水磨石楼地面的编码可设置为(　　)。

A. 020101002　　B. 020101002001

C. 020101001001　　D. 020101003001

2. 整体面层工程量计算方法是(　　)。

A. 按设计图示尺寸面积计算

B. 按实际施工面积计算

C. 扣除 0.3m^2 以内的独立柱

D. 增加门洞开口部分面积

班级　　　　姓名

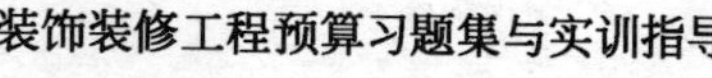

3. 块料面层工程量计算方法是(　　)。

A. 按实际施工面积计算

B. 按设计图示尺寸面积计算

C. 增加壁龛开口部分面积

D. 设备基础不扣除

4. 关于台阶工程量计算以下说法错误的是(　　)。

A. 台阶算至最上层踏步边沿加 500mm

B. 设计图示尺寸以台阶水平投影面积计算

C. 台阶面层分项工程内容包括酸洗打蜡

D. 项目特征描述包含对垫层材料种类及厚度的描述

5. 楼梯间净面积为 18.5m^2，楼梯井宽为 600mm，所占面积为 1.9m^2，楼梯侧面面积为 1.38m^2，则该楼梯饰面工程量为(　　)m^2。

A. 17.12　　B. 18.5　　C. 16.70　　D. 19.98

班级　　　　姓名

二 多项选择题（地面）

1. 整体面层分项包含的工作内容是（　　）。

A. 面层贴瓷砖　　B. 垫层铺设（地面）

C. 铺设防水层　　D. 材料运输

2. 楼梯装饰工程量（　　）。

A. 按展开面积计算　　B. 按水平投影面积计算

C. 减去 600mm 宽的楼梯井　　D. 包括休息平台

3. 块料面层分项项目特征与以下哪些内容有关？（　　）

A. 结合层的厚度　　B. 面层的材料品种

C. 嵌缝材料种类　　D. 材料的运距

4. 金属扶手带栏杆栏板工程量（　　）。

A. 按设计图示尺寸以扶手中心线长度计算

B. 包括栏板制作、运输、安装的内容

C. 项目特征描述包括油漆的品种及刷漆遍数

D. 按设计图示尺寸以投影面积计算

5. 关于块料楼梯面层分项计算，下列说法正确的是（　　）。

A. 按设计图示尺寸以楼梯水平投影面积计算

B. 防滑条另算

C. 项目特征描述包括勾缝材料种类

D. 扣除宽 500mm 以内的楼梯井所占面积

班级　　姓名

三 计算题(地面)

1. 根据图 4-3 花岗岩地面施工图及清单计算规则,列项并计算清单工程量。

2. 根据图 4-4 台阶、花池施工图及清单计算规则,列项并计算清单工程量。

班级　　　　姓名

四 单项选择题(墙面)

1. 假面砖墙面装饰抹灰清单编码可设置为(　　)。
   A. 020201001001　　B. 020201002
   C. 020201003001　　D. 020201002002
2. 墙面装饰面材料种类、分格缝宽度等属于(　　)。
   A. 工程内容　　B. 特征描述
   C. 工程量计算规则　　D. 都不是
3. 柱面抹灰项目中勾缝工程量按(　　)计算。
   A. 设计图示柱断面周长×高度以面积　　B. 根
   C. 水平投影面积　　D. 柱长度
4. 关于隔断工程量计算,下列说法正确的是(　　)。
   A. 扣除单个 $0.3m^2$ 以内孔洞所占面积
   B. 设计图示框外围尺寸以面积计算
   C. 浴厕门的材质与隔断相同时,门的面积另算
   D. 隔断骨架及边框制作、运输、安装另算
5. 关于墙面镶贴块料项目设置,下列说法错误的是(　　)。
   A. 干挂花岗岩墙面与钢骨架可以分别设置清单编码
   B. 钢骨架包括骨架制作、运输、安装、骨架油漆等工程内容
   C. 钢骨架按墙面垂直投影面积计算
   D. 花岗岩墙面面层按设计图示尺寸以面积计算

班级　　　　姓名

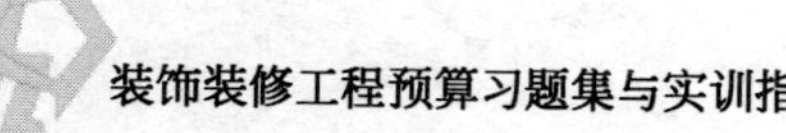

五 多项选择题(墙面)

1. 水泥砂浆抹灰墙面工程量(　　)。
   A. 外墙裙按外墙图示长度乘以墙裙高度以面积计算
   B. 内墙按净长乘以楼地面(或墙裙顶)至天棚底面的高度以面积计算
   C. 外墙按外墙垂直投影面积计算
   D. 内墙裙按净长乘以墙裙高度以面积计算
2. 墙面一般抹灰项目包括(　　)。
   A. 纸筋石灰　　B. 干粘石
   C. 聚合物水泥砂浆　　D. 水刷石
3. 墙面装饰抹灰项目工程内容包括(　　)。
   A. 砂浆制作运输　　B. 勾分格缝
   C. 挂贴花岗岩　　D. 基层清理
4. 清单编码可以设置为 020208001001 的是(　　)。
   A. 柱面装饰　　B. 装饰板墙面
   C. 梁面装饰　　D. 碎拼石材零星项目
5. 关于带骨架幕墙计算,下列说法正确的是(　　)。
   A. 按设计图示框外围尺寸以面积计算
   B. 不扣除与幕墙同种材质的窗所占的面积
   C. 带骨架幕墙不包括骨架运输
   D. 带骨架幕墙工程内容包括嵌缝、塞口

班级　　　　姓名

六 计算题(墙面)

1. 根据图 4-5 水刷石外墙立面图及清单计算规则,列项并计算清单工程量。

2. 根据图 4-6 花岗岩外墙立面图及清单计算规则,列项并计算清单工程量。

班级　　　　姓名

七 单项选择题(顶面)

1. 天棚抹灰分项项目编码可以设置为(　　)。

A. 020301001　　B. 020301001001

C. 020302001001　　D. 020301002001

2. 关于柚木板吊顶工程量计算,下列说法正确的是(　　)。

A. 按设计图示尺寸以水平投影面积计算

B. 天棚面中的灯槽及跌级面积展开计算

C. 扣除间壁墙、检查口、附墙烟囱、柱垛和管道所占面积

D. 不扣除独立柱所占面积

3. 天棚吊顶 (020302)分项不包括(　　)。

A. 藤条造型悬挂吊顶　　B. 灯带

C. 吊筒吊顶　　D. 格栅吊顶

4. 不按水平投影面积计算清单工程量的天棚面分项是(　　)。

A. 吊筒吊顶　　B. 天棚吊顶

C. 板式楼梯底面抹灰　　D. 网架(装饰)吊顶

5. 某工程室内细木工板基层净面积为 $160m^2$,面层展开面积为 $20m^2$,独立柱所占面积为 $6m^2$,单个管道所占面积为 $0.1m^2$,则吊顶天棚清单工程量是(　　)m^2。

A. 154　　B. 180　　C. 153.9　　D. 159.9

班级　　姓名

八 多项选择题（顶面）

1. 天棚其他装饰分项包括(　　)。

A. 灯带　　B. 回风口

C. 送风口　　D. 网架吊顶

2. 关于保温隔热天棚工程量计算，下列说法正确的是(　　)。

A. 按设计图示尺寸以面积计算　　B. 扣除柱、垛所占面积

C. 工程内容包括基层清理　　D. 按主墙间净面积计算

3. 天棚吊顶工程内容包括(　　)。

A. 龙骨安装　　B. 嵌缝刷防护材料、油漆

C. 基层板铺贴　　D. 面层铺贴

4. 下列属于天棚吊顶工程分项项目特征描述的是(　　)。

A. 吊顶形式　　B. 油漆的品种、刷漆的遍数

C. 材料种类、规格　　D. 都不是

5. 关于楼梯底面抹灰清单工程量，下列说法正确的是(　　)。

A. 板式楼梯底面抹灰按斜面积计算

B. 锯齿形楼梯按展开面积计算

C. 带梁天棚，梁两侧抹灰面积不可并入天棚面积内

D. 板式楼梯底面抹灰按水平投影面积计算

班级　　　　姓名

九 计算题(顶面)

1. 根据图 4-7 天棚面布置图及清单计算规则,列项并计算清单工程量。

2. 根据图 4-8 天棚面布置图及清单计算规则,列项并计算清单工程量。

班级　　　　姓名

十 单项选择题(门窗)

1. 夹板装饰门项目编码可以设置为(　　)。

A. 020401005001　　B. 020401005

C. 020401004001　　D. 020401003001

2. 某卷闸门的实际宽度为3m,安装高度为3.2m,卷筒罩的展开面积为$3m^2$,门洞口宽度为2.8m、高度为3m,则卷闸门安装清单工程量为(　　)m^2。

A. 14.4　　B. 11.4　　C. 9.6　　D. 8.4

3. 下列不按设计图示尺寸以长度计算清单工程量的是(　　)。

A. 木窗帘盒　　B. 门窗木贴脸

C. 窗帘轨　　D. 铝塑窗台板

4. 不属于铝合金门的五金是(　　)。

A. 地弹簧　　B. 拉手

C. 风撑　　D. 螺栓

5. 不属于木窗帘盒清单项目特征描述的内容是(　　)。

A. 按设计图示尺寸以长度计算

B. 窗帘盒(轨)材质、规格、颜色

C. 木窗帘盒所刷防火涂料的品牌

D. 油漆种类、刷漆遍数

班级　　　　姓名

十一 多项选择题(门窗)

1. 实木装饰门清单工程量计量单位是(　　)。
   A. 樘　　B. 米
   C. 套　　D. 平方米
2. 金属门制作(020402)清单计算规则是(　　)。
   A. 按其安装高度乘以门的实际宽度以平方米计算
   B. 按设计图示数量计算
   C. 按设计图示洞口尺寸以面积计算
   D. 按设计图示洞口尺寸以面积乘以 2 计算
3. 金属卷帘门(020403)分项包括(　　)。
   A. 防火卷帘门　　B. 金属格栅门
   C. 金属卷闸门　　D. 钢质防火门
4. 镜面不锈钢饰面门分项工程内容包括(　　)。
   A. 门制作、运输、安装　　B. 门套制安
   C. 五金安装　　D. 刷防护材料、油漆
5. 符合装饰空花木窗清单工程量计算规则的是(　　)。
   A. 按设计图示数量计算　　B. 按设计图示洞口尺寸以面积计算
   C. 扣除空花部分　　D. 按洞口面积乘以 2 计算

班级　　　　姓名

十二 计算题(门窗)

1. 根据图 4-9 办公室平面图及清单计算规则,列项并计算门窗清单工程量。

2. 根据图 4-1 平面布置图及清单计算规则,列项并计算门窗清单工程量。(已知,M1 高 900mm,卫生间门 700mm×900mm,C1 高 1800mm)。

班级　　　姓名

十三 单项选择题(油漆裱糊工程)

1. 按实刷展开面积计算油漆工程量的分项是(　　)。

A. 筒子板　　B. 衣柜、壁柜

C. 门窗套　　D. 木方格吊顶天棚

2. 封檐板、顺水板油漆清单项目编码可设置为(　　)。

A. 020503003　　B. 020503003002

C. 020503001002　　D. 020503004002

3. 按设计图示尺寸以质量计算清单工程量的是(　　)。

A. 暖气罩油漆　　B. 木地板烫硬蜡面

C. 金属面油漆　　D. 窗油漆

4. 按设计图示尺寸以面积计算的分项工程是(　　)。

A. 抹灰面油漆　　B. 抹灰线条油漆

C. 木隔断油漆　　D. 门油漆

5. 不按设计图示尺寸以面积计算油漆清单项目工程量的是(　　)。

A. 清水板条天棚　　B. 木板、纤维板、胶合板油漆

C. 玻璃间壁露明墙筋油漆　　D. 抹灰线条油漆

班级　　　　姓名

十四 多项选择题(油漆裱糊工程)

1. 门油漆清单工程量计算规则是(   )。

A. 按设计图示数量计算　　B. 按设计图示数量乘以 2 计算

C. 按设计图示单面洞口面积计算　　D. 按设计图示双面洞口面积计算

2. 按设计图示尺寸以长度计算油漆清单工程量的项目是(   )。

A. 木扶手　　B. 单独木线

C. 木栅栏、木栏杆(带扶手)　　D. 挂镜线

3. 按图示尺寸以油漆部分展开面积计算清单工程量的是(   )。

A. 衣柜油漆　　B. 黑板框油漆

C. 梁柱饰面油漆　　D. 零星木装修油漆

4. 关于木地板烫硬蜡面清单项目设置,下列说法正确的是(   )。

A. 按设计图示尺寸以面积计算,单位为 m^2

B. 空洞、空圈的开口部分并入相应工程量计算

C. 暖气包槽、壁龛的开口部分不另算

D. 硬蜡品种、基层处理要求不属于项目特征描述范围

5. 按设计图示尺寸以单面外围面积计算清单工程量的是(   )。

A. 空花格刷涂料　　B. 栏杆刷涂料

C. 封檐板油漆　　D. 线条刷涂料

班级　　　　姓名

十五 计算题（油漆裱糊工程）

1. 根据图 4-10 双开门节点图及清单计算规则，列项并计算双开门油漆清单工程量。

2. 根据图 4-11 铁窗栅大样图及清单计算规则，列项并计算双开门油漆清单工程量。

班级　　　　姓名

十六 单项选择题(其他工程)

1. 鞋柜清单编码可设置为(　　)。
   A. 020601005　　B. 020601005001
   C. 020601006001　　D. 020601003001
2. 塑料板暖气罩制作清单工程量(　　)。
   A. 按设计图示尺寸以垂直投影面积　　B. 以"个"计算
   C. 按展开面积计算　　D. 按体积计算
3. 美术字清单工程量(　　)。
   A. 按字的最大外围矩形面积计算
   B. 按设计图示数量以"个"计算
   C. 按字的平均外围矩形面积计算
   D. 字制作、运输、安装、刷油漆另列项目计算
4. 关于洗漱台清单工程量计算,下列说法正确的是(　　)。
   A. 按自然计量单位以"块"计算
   B. 设计图示尺寸以台面外接矩形面积计算
   C. 挡板、吊沿板面积不并入台面面积内,需另列清单项目计算
   D. 扣除孔洞、挖弯、削角所占面积
5. 下列工程内容不包含在金属旗杆制作清单项目中的是(　　)。
   A. 土(石)方挖填　　B. 基础混凝土浇筑
   C. 红旗　　D. 旗杆台座制作、饰面

班级　　　　姓名

十七 多项选择题(其他工程)

1. 浴厕配件项目包括(　　)。

A. 洗漱台　　B. 镜面玻璃

C. 浴厕隔断　　D. 毛巾环

2. 按设计图示数量计算清单工程量的是(　　)。

A. 肥皂盒　　B. 镜箱

C. 镜面玻璃　　D. 浴缸拉手

3. 按设计图示长度计算清单工程量的是(　　)。

A. 木质装饰线　　B. 金属旗杆

C. 铝塑装饰线　　D. 洗漱台

4. 按设计图示尺寸以正立面边框外围面积计算清单工程量的是(　　)。

A. 灯箱　　B. 平面招牌

C. 箱式招牌　　D. 竖式标箱

5. 以下关于货架、柜橱类清单项目设置说法正确的是(　　)。

A. 清单工程量按图示数量以“个”计算

B. 工程内容不包括台柜运输

C. 货架、柜橱类工程内容包括刷防护材料、油漆

D. 货架、柜橱类清单工程量以图示尺寸延长米计算

班级　　　　姓名

十八 计算题(其他工程)

根据图 4-12,计算大理石收银台清单工程量,并对清单项目进行详细描述。

班级　　　　姓名

第八章 清单计价模式下装饰工程计价详解

一 单项选择题

1. 下列不是综合单价组成部分的是(　　)。
   A. 人工费　　B. 材料费、机械使用费
   C. 风险费　　D. 利润
2. 综合单价中的“人工费＝人工定额消耗量×人工单价”,其中人工单价是(　　)。
   A. 定额取定价　　B. 乙方自定价
   C. 市场价　　D. 暂估价
3. 天棚吊顶装饰分项综合单价组成内容是(　　)。
   A. 灯槽　　B. 铝合金龙骨及天棚木芯板基层
   C. 筒灯　　D. 窗帘盒

班级　　　　姓名

4. 下列不属于综合单价中管理费的计算公式的是(　　)。

A. 以直接费为计费基础,管理费=直接费×管理费费率

B. 以人工费与机械费之和为计费基础,管理费=∑(人工费+机械费)×管理费费率

C. 以人工费为计费基础,利润=(∑人工费)×管理费费率

D. 管理费=(直接费+措施费)×管理费费率

5. 综合单价中材料费的计算公式是(　　)。

A. ∑(清单项目组价内容工程量/清单项目工程数量×消耗量定额材料含量×材料单价)

B. ∑消耗量定额材料含量×材料单价

C. ∑清单项目工程数量×消耗量定额材料含量×材料单价

D. ∑清单项目组价内容工程量×消耗量定额材料含量×材料单价

班级　　　　姓名

二 多项选择题

1. 石材台阶综合单价组价项目有(　　)。

A. 垫层　　B. 勾缝

C. 防滑条　　D. 材料运输

2. 综合单价的特性有(　　)。

A. 固定性　　B. 可变性

C. 综合性　　D. 依存性

3. 综合单价根据分项工程的项目特征、组成内容组价的有(　　)。

A. 展开面积　　B. 直接套用定额组价

C. 组合定额项目　　D. 重新计算

4. 综合单价中利润的计算公式是(　　)。

A. 以直接费为计费基础,利润=直接费×利润率

B. 利润=∑(人工费+机械费+管理费)×利润率

C. 以人工费为计费基础,利润=(∑人工费)×利润率

D. 以人工费与机械费之和为计费基础,利润=∑(人工费+机械费)×利润率

5. 综合单价组价的依据有(　　)。

A. 工程量清单　　B. 企业定额

C. 人、料、机定额取定价　　D. 施工组织设计及施工方案

班级　　　　姓名

三 计算题

1. 某塑料防静电地板工程 $200m^2$，具体做法为素土夯实基础，100 厚 C10 混凝土垫层表面赶平，1.2 厚 SP-PES 氯化聚乙烯高分子复合防水卷材，20 厚 1：2.5 水泥砂浆结合层，3 厚塑料防静电地板面层，试根据本地区现行消耗量定额及费用定额补充组价所需必要条件，计算该分项工程的综合单价，并填写分部分项工程综合单价分析表。

班级　　　　姓名

综合单价分析表

序号	项目编码	工程项目名称	单位	数量	人工费	材料费	机械使用费	管理费	利润	小计

班级　　　　姓名

2. 某天棚吊顶工程 78m^2，具体做法为：(1)ϕ8 吊筋 $H=750$mm；(2)装配式 U 形(不上人型)轻钢龙骨复杂面层规格 400mm×600mm；(3)双层 9.5mm 厚纸面石膏板天棚面层安装在 U 形轻钢龙骨上；(4)夹板面满批腻子 3 遍；(5)清油封底；(6)天棚墙面板缝贴自粘胶带；(7)夹板面乳胶漆 3 遍。试根据本地区现行消耗量定额及费用定额补充组价所需必要条件，计算该分项工程的综合单价，并填写分部分项工程综合单价分析表。

班级　　　　姓名

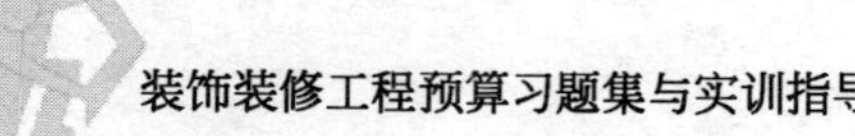

第九章 清单计价模式下建筑装饰装修工程计费

一 单项选择题

1. 综合单价的组成中不含(　　)。

A. 有限风险费　　B. 人工费

C. 管理费　　D. 税金

2. 清单计价体系下不属于工程造价组成部分的是(　　)。

A. 分部分项工程费　　B. 措施项目费

C. 规费　　D. 利润

E. 税金

班级　　　　姓名

3. 在施工过程中，完成发包人提出的施工图纸以外的零星项目或工作产生的费用是(　　)。

A. 材料费　　B. 零星项目

C. 计日工　　D. 技术措施费

4. 在施工过程中的脚手架费用属于(　　)。

A. 直接工程费　　B. 企业管理费

C. 技术措施费　　D. 组织措施费

5. 分部分项工程费计算式为(　　)。

A. 分部分项工程清单工程量×基价

B. 分部分项工程清单工程量×综合单价

C. 施工技术措施工程量×基价

D. 施工技术措施工程量×综合单价＋分部分项工程清单工程量×基价

班级　　姓名

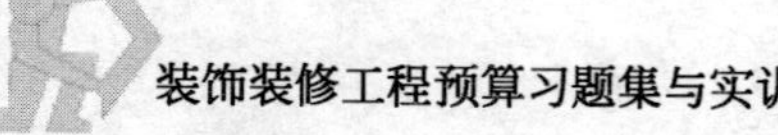

二 多项选择题

1. 以下关于措施项目工程费说法正确的是(　　)。
   A. 措施项目费包括施工技术措施费和施工组织措施费
   B. 措施项目工程费=施工技术措施工程量×基价
   C. 措施项目费以项为计量单位
   D. 综合单价适用于施工组织措施费计算
2. 清单项目计价中措施费有(　　)。
   A. 文明施工费　　B. 机械安拆费
   C. 计日工　　D. 工程排污费
   E. 空气污染测定费
3. 暂估价的费用包括在(　　)项目中。
   A. 材料价　　B. 综合单价
   C. 其他项目合计　　D. 暂列金额
   E. 直接费
4. 措施项目的计价方法有(　　)。
   A. 定额计价法　　B. 分包计价法
   C. 实物计价法　　D. 清单计价法
   E. 参数计价法
5. 其他项目费包括(　　)。
   A. 暂列金额　　B. 暂估价
   C. 计日工　　D. 总包服务费

班级　　姓名

三 计算题

已知某装饰装修工程分部分项工程费为 228397.75 元，措施项目费为 14921.90 元，其他项目费为 130000 元，其中人工费为 55972.13元，根据本地区费用定额及有关取费文件，列表计算该装饰装修工程清单计价模式下的工程造价。

班级　　　　姓名

第十章 家庭装饰装修工程预算

问答题

1. 家庭装饰装修工程预算的作用是什么？

2. 影响家庭装饰装修工程预算的主要因素有哪些？

班级　　　　姓名

3. 家庭装饰装修工程预算的编制依据是什么？

4. 家庭装饰装修工程预算的编制步骤是什么？

5. 家庭装饰装修工程预算造价是如何计算的？

班级　　　　姓名

6. 审核家庭装饰装修工程预算主要从哪几个方面着手？

7. 家庭装饰装修工程预算编制的方法是什么？

班级　　姓名

第十一章 建筑装饰装修工程报价

问答题

1. 装饰装修工程报价有哪些程序？

2. 装饰装修工程报价有哪些方法？

班级　　　　姓名

3. 装饰装修工程报价有哪几种分析方法？什么是装饰装修工程报价的静态分析？从哪些方面进行考虑？

4. 什么是装饰装修工程报价的动态分析？从哪些方面进行考虑？

5. 什么是装饰装修工程报价的盈亏分析？从哪些方面进行考虑？

班级　　　　姓名

6. 什么是装饰装修工程报价的风险分析?

7. 考察本地区某装饰工程,学习投标报价过程,简单写出体会。

班级　　　　姓名

第十二章 计算软件在建筑装饰装修工程预算中的应用工程实例

问答题

1. 试述工程造价软件发展在工程预算中所起的作用。

2. 工程造价软件有哪些类型？考察并写出自己熟悉的几种软件，比较它们的优缺点。

3. 根据工程实例，利用算量软件和计价软件上机操作练习，写出上机体会。

班级　　　　姓名

第十三章 测试题

综合测试一（开卷）

一 单项选择题（2×10=20 分）

1. 美术字安装按（　　）计算。

A. 外围面积计算　　B. 外围矩形面积计算

C. 最大外围矩形面积以“个”计算　　D. 按延长米计算

2. 下列说法正确的是（　　）。

A. 板式楼梯底面的装饰工程量按展开面积计算

B. 梁式楼梯底面按水平投影面积乘 1.15 的系数计算

C. 板式楼梯底面的装饰工程量按水平投影面积乘 1.15 的系数计算

D. 二者均按展开面积计算

班级　　　　姓名

3. 下列各项工程量按正立面面积计算的有(　　)。

A. 箱体招牌　　B. 平面招牌基础

C. 竖式标箱基层　　D. 灯箱面层

4. 点缀面积是指镶拼面积小于(　　)的石材面积。

A. $0.15m^2$　　B. $0.015m^2$　　C. $0.0015m^2$　　D. $0.005m^2$

5. 满堂脚手架按室内净面积计算，其高度在(　　)时计算基本层面积。

A. $h<3.6m$　　B. $h>5.2m$

C. $3.6m<h<5.2m$　　D. 以上均不是

6. 各种吊顶天棚龙骨按(　　)计算。

A. 结构面积　　B. 净面积

C. 主墙间净面积　　D. 投影面积

7. 建筑物檐口高度超过(　　)时要计算垂直运输费及增加费。

A. 5m　　B. 10m　　C. 15m　　D. 20m

8. 预算中的天棚基层是指(　　)。

A. 安装在主次龙骨面上作为面层底衬的胶合板或石膏板

B. 安装在主龙骨面上作为面层底衬的胶合板或是石膏板

C. 安装在横撑龙骨上作为面层底衬的胶合板或是石膏板

D. 安装在主龙骨和横撑龙骨上作为面层底衬的胶合板或是石膏板

班级　　　　姓名

9. 下列各项在预算中不计算建筑面积的是(　　)。

A. 阳台　　B. 飘窗

C. 雨篷　　D. 眺望间

10. 垂直运输费计算规则是(　　)。

A. 室内净面积计算　　B. 按建筑面积计算

C. 占地面积计算　　D. 按结构面积计算

二 多项选择题(2×10＝20分)

1. 工程价款结算包括(　　)。

A. 预付款结算　　B. 进度款结算

C. 工料分析　　D. 竣工结算

2. 下列各计量单位中为自然计量单位的有(　　)。

A. 米　　B. 平方米

C. 个　　D. 台

3. 建筑面积有以下哪些组成部分?(　　)

A. 使用面积　　B. 结构面积

C. 辅助面积　　D. A 和 B

班级　　姓名

4. 清单计价体系下工程造价包括（　　）。

A. 直接工程费　　B. 分部分项工程费

C. 价差　　D. 措施项目费

E. 规费

5. 下列各项工程量以延长米计算的有哪些？（　　）

A. 钢管　　B. 栏杆

C. 扶手　　D. 不锈钢旗杆

6. 下列各项属于预算消耗量定额的组成部分的是（　　）。

A. 目录表　　B. 总说明

C. 分章说明及分项工程量计算规则　　D. 附录

7. 下列各项在计算工程量时其结果精确到三位小数的有（　　）。

A. 石材　　B. 钢材

C. 木材　　D. 以上均不是

8. 下列各项工程量中不应计算建筑面积的项目有（　　）。

A. 骑楼　　B. 自动扶梯

C. 过街楼　　D. 车棚

班级　　姓名

9. 下列各项工程量以“个”为计量单位的有哪些？（　　）

A. 栏杆　　　　B. 弯头

C. 服务台　　　D. 灯槽

10. 综合单价包括（　　）。

A. 人工费　　　B. 材料费　　　C. 机械费

D. 利润　　　　E. 税金　　　　F. 规费

三 查定额，计算下列各题

1. 计算某工程 $200m^2$ 水泥砂浆粘贴彩釉地面砖台阶面的直接工程费、主材用量及人工费、材料费、机械费。（20 分）

2. 已知某工程硬木扶手弧形铸铁栏杆长 150m，高 1.2m，铸铁栏杆面刷汽车漆五遍，并且已知铝合金方管（25mm×25mm×1.2mm）实际用量为 96m，市场价为 6.72 元/m，铸铁花饰栏杆市场价为 $180kg/m^2$，硬木扶手为弧形，其成品市场价为 80 元/m，定额中其余各材料与市场价相同，管理费费率为 2%，利润率为 2%，试根据本地区计价定额及有关文件计算其综合单价，并用表格计算分部分项工程费。（020107002001）（30 分）

班级　　　　姓名

部分参考答案：

一、单项选择题(2×10=20 分)

1～5　C　C　B　B　C　　6～10　C　D　B　B　C

二、多项选择题(2×10=20 分)

1～5　ABCD　CD　ABC　ABD　BCD　　6～10　ABCD　BC　ABC　BC　ABCD

三、查定额，计算下列各题

1. 查定额：2 分；直接工程费：1.5 分；人工费：1.5 分；材料费：1.5 分；机械费：1.5 分；主材：2×6=12 分。(20 分)

2. 查定额：2 分；计算新基价：8 分；直接工程费：2 分；人工费：2 分；材料费：2 分；机械费：2 分；主材：1×12=12 分。(30 分)

班级　　　　姓名

综合测试二(开卷)

一 单项选择题(2×5=10 分)

1. 封闭阳台的建筑面积(　　)。

A. 按水平投影面积计算　　B. 按水平投影面积的 1/2 计算

C. 不计算　　D. 以上都不是

2. 清单工程量计算规则中石材踢脚线按(　　)计算。

A. 米　　B. 吨

C. 平方米　　D. 块

3. 送风口制作按(　　)计算。

A. 个　　B. 平方米

C. 米　　D. 面积

4. 材料采购人员的工资包含在(　　)中。

A. 管理费　　B. 人工费

C. 材料费　　D. 规费

5. 清单计价时工程总造价中不含(　　)。

A. 分部分项工程费　　B. 价差

C. 措施项目费　　D. 税金

班级　　姓名

二 多项选择题(2×5=10 分)

1. 镶贴块料面层的零星项目工程量计算规则适用于(　　)。
A. 门窗套　　B. 踢脚线　　C. 雨篷　　D. 压顶
2. 块料楼梯面层报价包括(　　)。
A. 防滑条贴嵌　　B. 石材运输　　C. 成品保护　　D. 面层铺贴
3. 定额计价体系中下列按延长米计算工程量的分项工程是(　　)。
A. 不锈钢包门框　　B. 门窗贴脸　　C. 窗帘盒　　D. 窗帘轨
4. 定额计价体系工程造价包括(　　)。
A. 直接工程费　　B. 其他项目费　　C. 价差　　D. 管理费
5. 综合单价包括(　　)。
A. 人工费　　B. 利润　　C. 税金　　D. 材料费　　E. 机械费

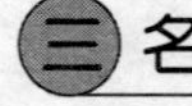 名词解释(10 分)

1. 工程量清单(4 分)

2. 单位估价表(4 分)

3. 人工幅度差(2 分)

班级　　　　姓名

四 简答题（2×10=20 分）

1. 举例说明定额计价体系和清单计价体系工程量计算规则的不同点及联系。（10 分）

2. 简述清单计价体系及定额计价体系的费用构成，试述两者的区别。（10 分）

五 根据已知条件，计算下列各题

1. 计算 200m^2 实心装饰夹板门（木芯板 $\delta=18$ 换成 $\delta=15$ 中密度板，榉木板 $\delta=3$ 换成 $\delta=12$ 防火板）直接工程费、各材料费、各机械费及人工用量。（20 分）

班级　　　　姓名

2. 已知某工程硬木扶手弧形铸铁栏杆长 200m，高 1.2m，铸铁栏杆面刷汽车漆三遍，并且已知铝合金方管（25m×25m×1.2mm）实际用量为 110m，市场价为 7.22 元/m，铸铁花饰栏杆市场价为 170kg/m^2，硬木扶手为弧形，其成品市场价为 90 元/m，定额中其余各材料、机械单价与市场价相同，管理费费率为 6%，利润率为 8%，试试根据本地区计价定额及有关文件计算其综合单价，并用表格计算分部分项工程费。（020107002001）（30 分）

部分参考答案：

一、单选题

1～5　B　C　A　C　B

二、多选题

1～5　AD　ABD　BCD　ACD　ABDE

班级　　　　姓名

综合测试三(开卷)

一 单项选择题(2×5=10 分)

1. 下面(　　)定额属于商业私密,在不久的将来,将成为市场经济的主流。
   A. 地域性　　B. 行业　　C. 企业　　D. 补充
2. 工程之间在用途、结构、造型等方面都存在很大的不同,这反映为造价的(　　)特点。
   A. 多次性计价　　B. 重复性计价　　C. 单件性计价　　D. 组合性计价
3. 凡檐高在(　　)内的平房、围墙,层高在 3.6m 以内单独施工的一层地下室工程,不得计取垂直运输机械费。
   A. 2.2m　　B. 3.6m　　C. 5m　　D. 8m
4. 计算工程造价的首要工作是(　　)。
   A. 计算工程量　　B. 列项目　　C. 套定额　　D. 取费
5. 高低连跨的建筑物,需分别计算建筑面积时,应以(　　)为界计算。
   A. 低跨建筑外边线　　B. 低跨结构外边线　　C. 高跨建筑外边线　　D. 高跨结构外边线

二 多项选择题(2×5=10 分)

1. 下列不计算建筑面积的有(　　)。
   A. 飘窗　　B. 空调隔板　　C. 垃圾道　　D. 管道井

班级　　姓名

2. 定额按适用范围分为(　　)几类。

A. 全国统一定额　B. 地域性定额　C. 施工定额　D. 企业定额

3. 整体面层子目中均包括(　　)。

A. 垫层　B. 找平层　C. 结合层　D. 面层

4. 下列属于不可竞争费的是(　　)。

A. 现场安全施工措施费　B. 夜间施工增加费　C. 垂直运输费　D. 劳动保险费

5. 单位工程计价,目前主要存在(　　)方式。

A. 单位估价法计价　B. 实物法计价　C. 工程量清单计价　D. 定额计价

三 判断题(2×5=10分,√表示正确,×表示错误)

1. 材料的二次搬运费属于措施项目。(　　)
2. 墙裙以高度1500mm以内为准,超过1500mm时按墙面计算,高度低于500mm时,按踢脚板计算。(　　)
3. 单独装饰工程垂直运输费项目是以建筑物“檐高”和“层数”两个指标来界定的,两个指标同时达到即可套用该定额子目。(　　)
4. 垂直运输项目的划分条件是卷扬机和塔吊。(　　)
5. 价差是指市场价与定额取定价之间的差值。(　　)

四 简答题(3×5=15分)

1. 简述家庭装饰装修预算的编制依据。(5分)

班级　　　　姓名

2. 建筑面积的作用是什么？（5 分）

3. 预算定额的性质有哪些？（5 分）

五 计算题（55 分）

某二级装饰施工企业单独施工某教学楼地砖地面及踢脚线工程，采用卷扬机施工，合同人工单价为 52 元/工日，该楼地面位于第 10 层，其构造为：20mm 厚 1∶3 水泥砂浆找平层，刷素水泥砂浆一道，5mm 厚 1∶2 水泥砂浆粘贴 600mm×600mm 地砖（市价25 元/块），地砖地面工程量为 180m^2，踢脚线长度为 56m，高度为 150mm，除题中注明市场价的材料以外，其余材料、机械单价均以当地当月市场价计算，根据本地区定额进行综合单价组价，填写分部分项工程综合单价分析表，试用本地区费用定额根据定额计价程序和清单计价程序分别计算工程造价。

班级　　　　姓名

部分参考答案:

一、单项选择题(2×5=10 分)

1~5 C A A B D

二、多项选择题(2×5=10 分)

1~5 AB ABD BCD AD CD

三、判断题(2×5=10 分,√表示正确,×表示错误)

1~5 √ × × √ √

班级 姓名

第二部分　实 训 指 导

第十四章 课程设计

一 定额计价模式下装饰装修工程施工图预算课程设计任务书

(一)任务和目的

建筑装饰工程预算课程是工程造价专业的主要专业课程之一,它是一门政策性、实用性、实践性都十分强的专业课程。在学习中,应突出以应用为重点,坚持理论与实践相结合的原则,采用边学边练、学练结合的学习方法,从而掌握装饰装修工程造价计算的方法。

建筑装饰工程预算课程设计的任务,是由学生在教师的指导下,根据给定的装饰装修工程施工图纸编写建筑装饰工程预算,能够对一学期学习的装饰预算知识进行综合应用,从而达到本课程的教学目的。

(二)作业内容

根据给定的施工图纸、本地区现行消耗量定额、费用定额、本地区材料信息价等资料独立完成一套装饰装修施工图预算书的编制任务。具体设计内容及要求如下:

(1)仔细阅读图纸,分组进行图纸会审,编写会审纪要,图纸不详处,根据会审后达成的处理意见,完成施工图预算。

(2)根据本省预算定额工程量计算规则的规定列项,不漏项、不错项,各分项工程名称书写完整。
(3)根据设计图纸和标准图集正确计算工程量。
(4)正确套用定额基价。
(5)进行人工和主要材料的分析。
(6)根据本省某季度主材价格调整该工程主要材料价差。
(7)根据本省费用定额及相关文件计算间接费、利润、税金并汇总工程造价,计算单方造价。
(8)编写预算编制说明。
(9)审核、校对、编写封面、装订成册,上交成果。

指导老师可根据学生的实际情况和设计周的作业时间适当调整。

(三)时间要求

设计任务要求在课程设计周以内(2 周)完成。

(四)纪律要求

(1)学生在设计期间一定要在指定教室内进行设计,必须严格遵守学校的各项规章制度。
(2)设计期间除病假(医务室证明)外一律不准请假。

(五)实训及评价

1. 作业

可将学生分为 5 人一组,完成本案例图纸投标文件的编制工作。

2. 评价

学生经协作按要求完成作业,根据完成情况给予优、良、及格和不及格四个等级评价。

二 装饰装修工程工程量清单计价课程设计任务书

(一)任务和目的

建筑装饰装修工程量清单计价在我国是一种全新的计价模式,它是现阶段装饰装修公司计算工程造价的努力方向。通过课程设计熟悉并掌握新模式下计算装饰装修工程造价的方法,并与定额计价模式进行比较,更深刻地体会清单计价的意义。

建筑装饰装修工程量清单计价课程设计的任务,是在教师的指导下,学生根据给定的装饰装修工程施工图纸和《建筑工程工程量清单计价规范》(GB 50500—2008)编写建筑装饰工程项目清单,并根据有关计价定额和计价文件进行报价,从而能够对建筑装饰装修工程量清单计价课程所涉及的知识点进行综合应用,体会编制企业定额的重要意义,达到本学期的教学目的。

(二)作业内容

根据给定的施工图纸、《建筑工程工程量清单计价规范》(GB 50500—2008)、本地区现行消耗量定额、费用定额、本省材料信息价等资料独立完成一套装饰装修清单计价的编制任务。具体设计内容要求如下:

(1)根据《建筑工程工程量清单计价规范》(GB 50500—2008)工程量计算规则设置清单项目,不漏项、不错项,各分项工程名称书写完整,编码设置正确。

(2)根据设计图纸和标准图集正确计算工程量。

(3)正确填写工程量清单的各种表格(总说明、分部分项工程量清单、措施项目清单、其他项目清单、零星项目清单等)。

(4)正确进行综合单价的组价。

(5)正确确定分部分项工程费、措施项目费、其他项目费、零星项目费,并填写各计价表。

(6)根据本省费用定额及相关文件计算间接费、利润、税金并汇总工程造价,计算单方造价。

(7)审核、校对、编写封面、装订成册,上交成果。

(8)指导老师可根据学生的实际情况和设计周的作业时间适当调整。

(三)时间要求

设计任务要求在课程设计周以内(2周)完成。

(四)纪律要求

(1)学生在设计期间一定要在指定教室内进行设计,必须严格遵守学校的各项规章制度。
(2)设计期间除病假(医务室证明)外一律不准请假。

(五)实训及评价

1. 作业

可将学生分为5人一组,完成本案例图纸的投标文件的编制工作。

2. 评价

学生经协作按要求完成作业,根据完成情况给予优、良、及格和不及格四个等级评价。

3. 最终实训评价

根据教学计划规定,实训作为一门课程进行考核,成绩按优、良、及格、不及格四档评定并记入学生成绩档案,不及格不予补考。

实训成绩评定的原始依据有:
(1)实训期间的出勤表现。(30%)
(2)实训上交资料。(50%)
(3)指导教师随机提问。(10%)
(4)各组之间自评和互评。(10%)

具体为:
(1)优秀标准
①能很好地完成每次实训课后规定的工作量,实训最终成果符合规范化要求。
②实训成果内容全面、合理,理论分析与计算正确,数据可靠。

③实训成果结构严谨,逻辑性强,层次清晰,陈述语言概念准确、流畅。

④随机提问回答正确。

⑤学习态度认真,遵守纪律,不缺勤。

⑥能与小组成员协作完成图纸会审、施工图预算、材料市场调查等工作。

(2)良好标准

①能较好地完成每次实训课后规定的工作量,实训最终成果符合规范化要求。

②实训成果内容全面、合理,理论分析与计算正确,数据可靠。

③实训成果结构严谨,逻辑性强,层次清晰,陈述语言概念准确、流畅。

④随机提问回答正确。

⑤学习态度认真,遵守纪律,偶有缺勤(两次以内)。

⑥能与小组成员协作完成图纸会审、施工图预算、材料市场调查等工作。

(3)及格标准

①能按时完成每次实训课后规定的工作量,实训最终成果基本符合规范化要求。

②实训成果内容基本合理,计算数据大多数正确。

③随机提问能回答一部分。

④学习态度尚可,遵守纪律,缺勤不超过三次。

⑤能与小组成员协作完成图纸会审、施工图预算、材料市场调查等工作。

(4)不及格标准

①不能按时完成每次实训课后规定的工作量,实训成果不符合规范化要求。

②实训成果内容不全,陈述语言表达差、不流畅,计算能力较差。

③随机提问不能回答。

④学习态度不认真,纪律性不强,缺勤超过三次。

 三 课程设计图纸

以下图纸是某酒吧包房装饰装修工程施工图，该工程按规范施工，施工做法见图纸大样，不详处或图纸有错误之处按图纸会审后的意见处理。在老师的指导下，根据任务书的要求，采用定额计价模式或清单计价模式，并根据本地区消耗量定额、《建筑工程工程量清单计价规范》(GB 50500—2008)、费用定额等相关资料完成施工图预算和清单报价。

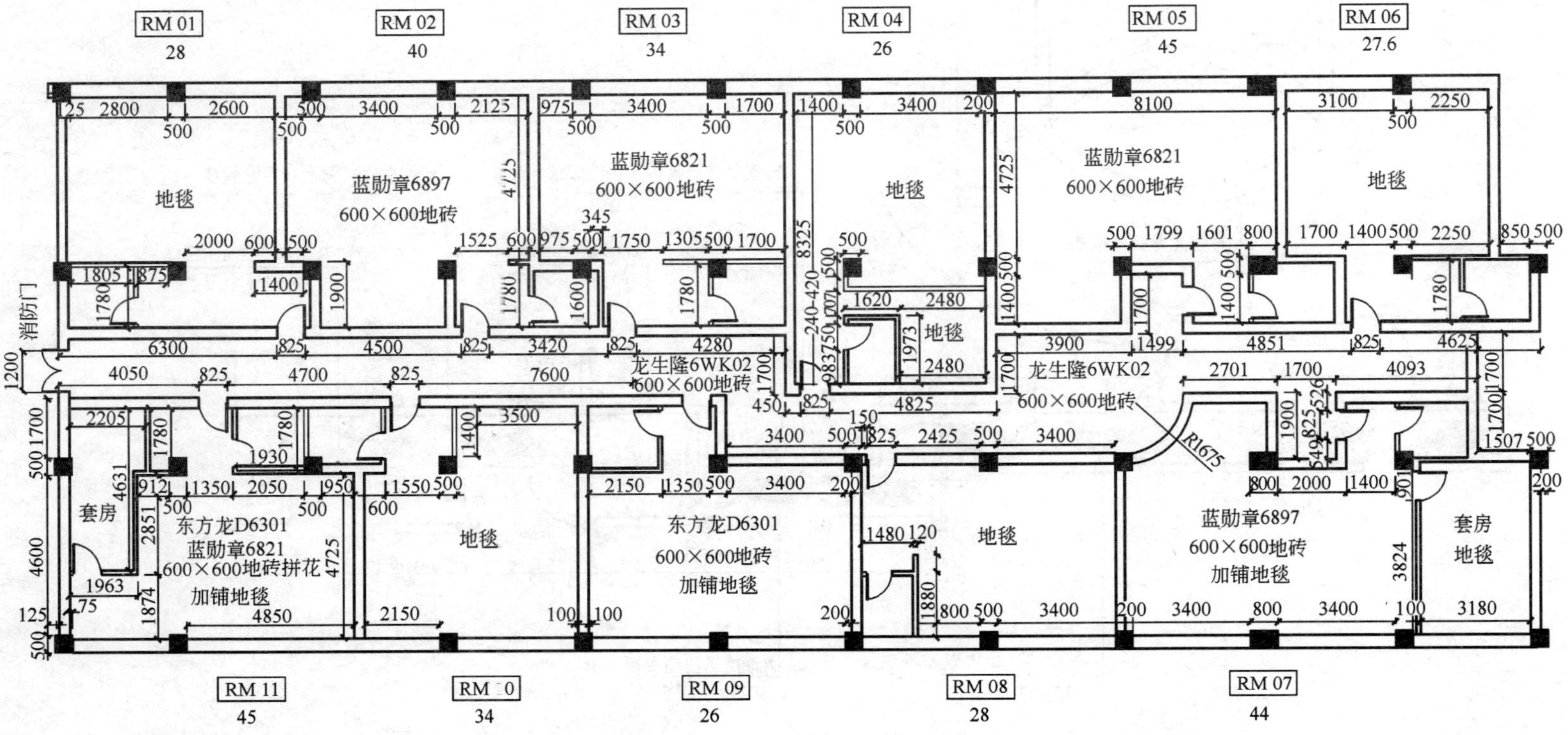

RM 01 28
RM 02 40
RM 03 34
RM 04 26
RM 05 45
RM 06 27.6

地毯
蓝勋章6897 600×600地砖
蓝勋章6821 600×600地砖
地毯
蓝勋章6821 600×600地砖
地毯
消防门
龙生隆6WK02 600×600地砖
龙生隆6WK02 600×600地砖
套房
东方龙D6301 蓝勋章6821 600×600地砖拼花 加铺地毯
地毯
东方龙D6301 600×600地砖 加铺地毯
地毯
蓝勋章6897 600×600地砖 加铺地毯
套房 地毯

RM 11 45
RM 10 34
RM 09 26
RM 08 28
RM 07 44

酒吧地面施工图

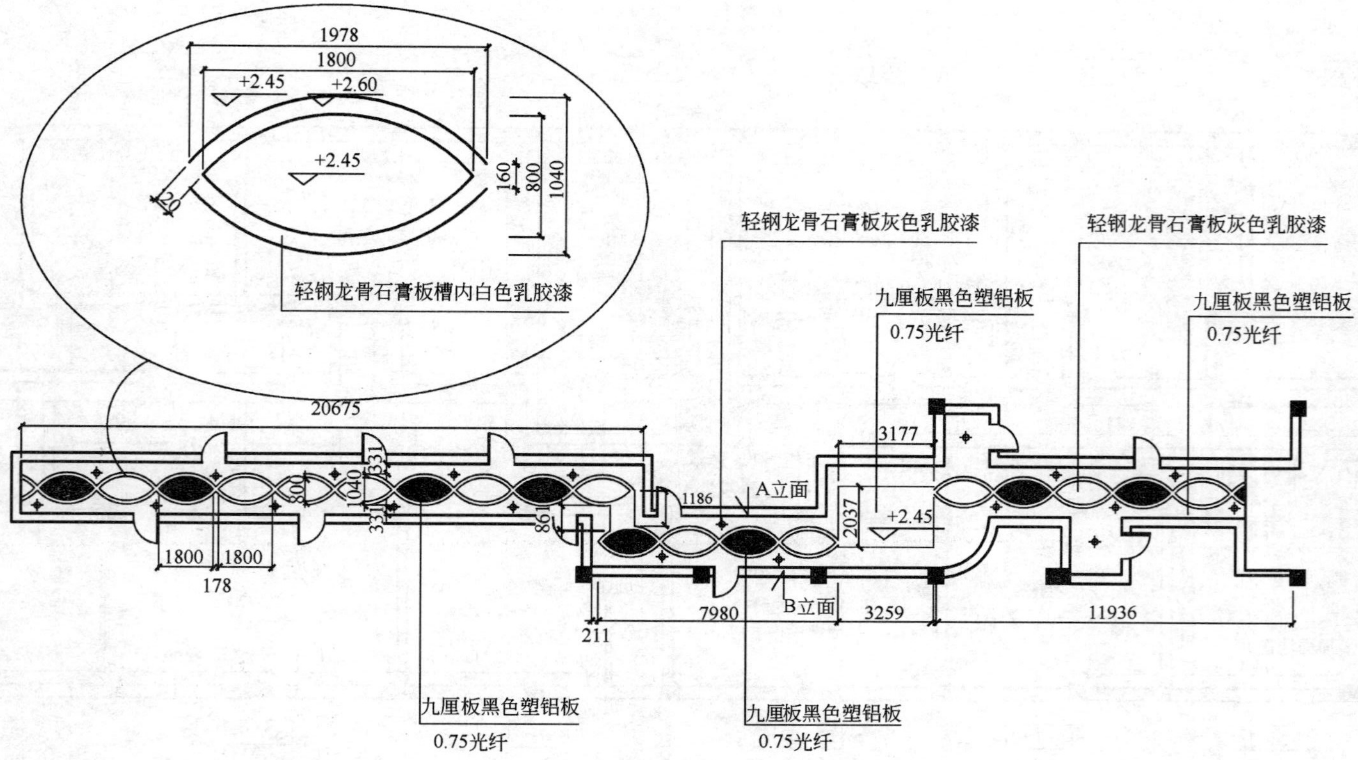

1978
1800
+2.45
+2.60
+2.45
20
160
800
1040
轻钢龙骨石膏板槽内白色乳胶漆

20675
331
1040
800
331
1800
1800
178
861
1186
A立面
B立面
7980
211
3259
3177
2037
+2.45
11936

轻钢龙骨石膏板灰色乳胶漆
九厘板黑色塑铝板
0.75光纤
轻钢龙骨石膏板灰色乳胶漆
九厘板黑色塑铝板
0.75光纤
九厘板黑色塑铝板
0.75光纤
九厘板黑色塑铝板
0.75光纤

走道顶面施工图

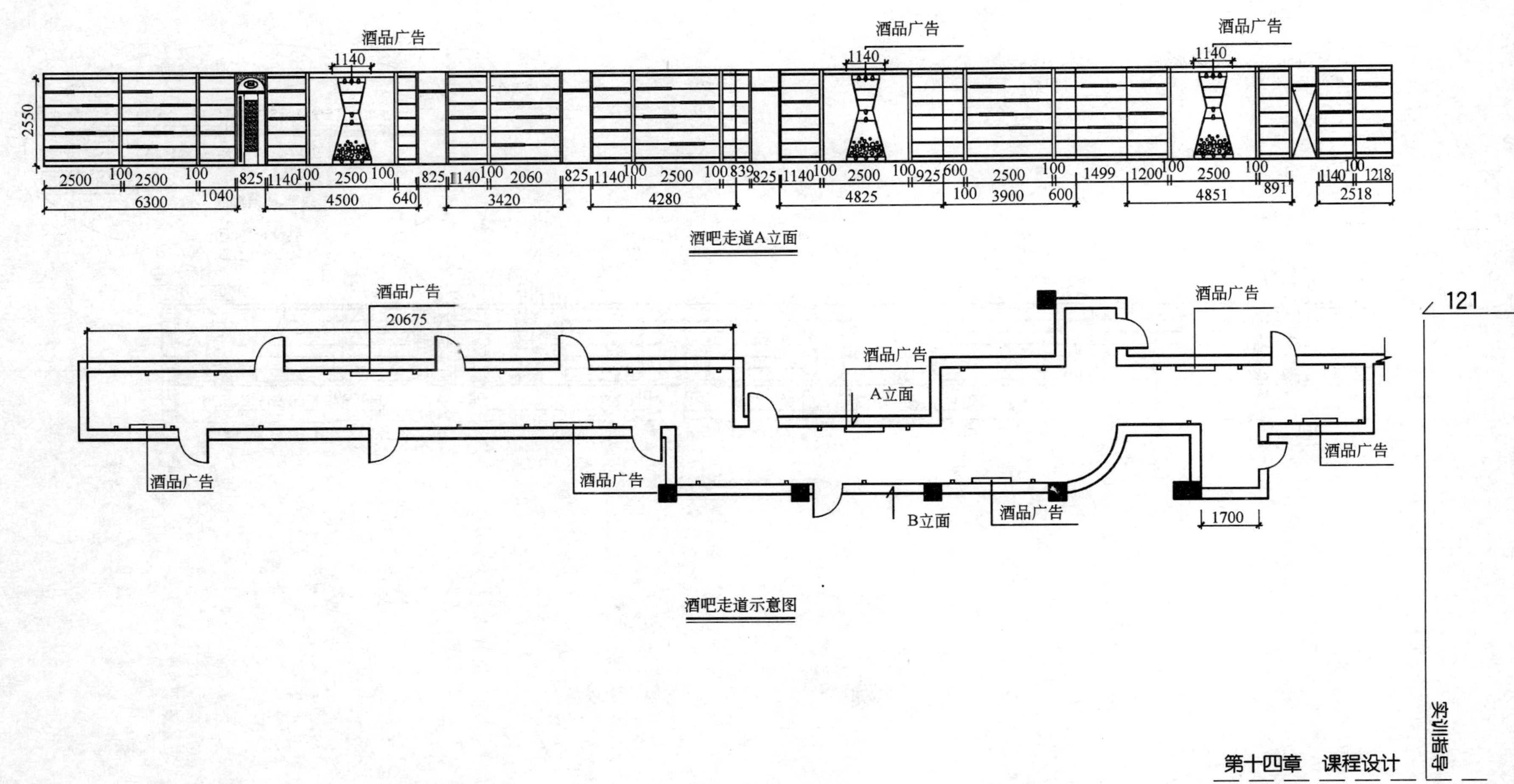

酒吧走道A立面

酒吧走道示意图

九厘板基础
15 135 15 135 15 135 15 135 15 135 15
15
银镜
黑色聚晶玻璃
色板清漆
银镜
黑色聚晶玻璃
15×15木线8K板槽饰面
弧面墙剖面图
酒品广告
酒品广告
酒品广告
酒品广告
1140
1140
1140
1140
100
15
2400
150
1200 2500 90 825 1465 2500 415 1765 2500 2500 415 825 390 600 2500 690 540 2500 2500 925 弧长 2490 2300 301 1700 945 2530 418
4050 4700 7600 4500 6825 4200 1700 4093

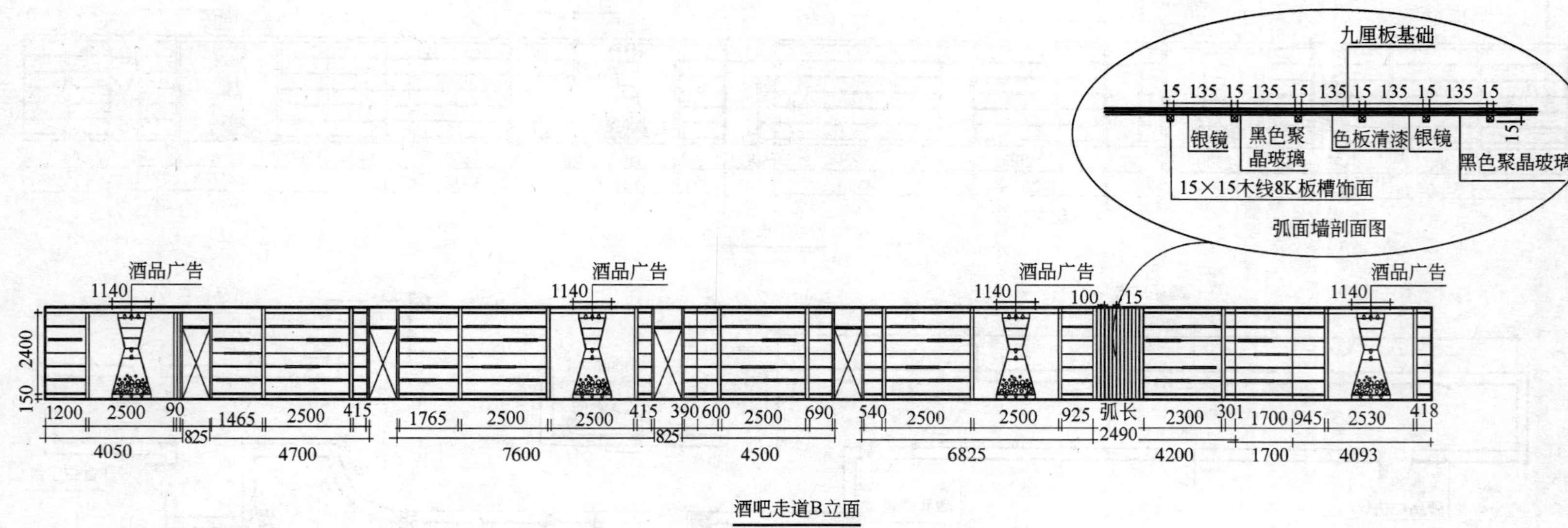

酒吧走道B立面

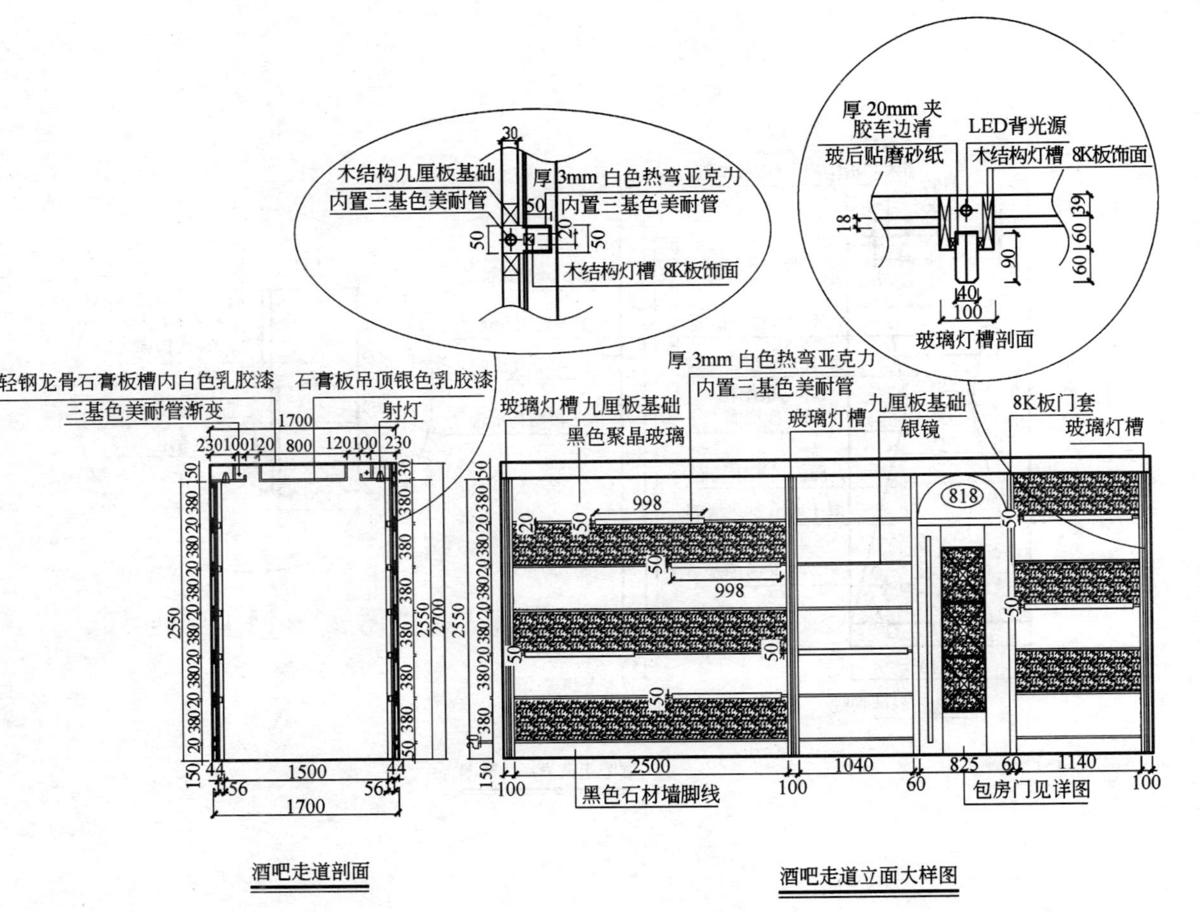

酒吧走道剖面

酒吧走道立面大样图

射灯
木芯板结构 8K 板饰面
1140
800
黑砂真石漆
九厘板底银镜饰面
厚 10mm 钢化清玻
407
木芯板结构
8K 板饰面
300
570
九厘板底银镜饰面
厚 10mm 钢化清玻
工艺玻璃球
1140
黑色石材墙脚线
150
150
厚 10mm 钢化清玻
九厘板底银镜饰面
900
厚 10mm 钢化清玻隔板
300
木芯板结构板饰面
1050
150
150
150
150
木芯板结构
8K 板饰面
射灯
九厘板底银镜饰面
厚 10mm 钢化清玻
120

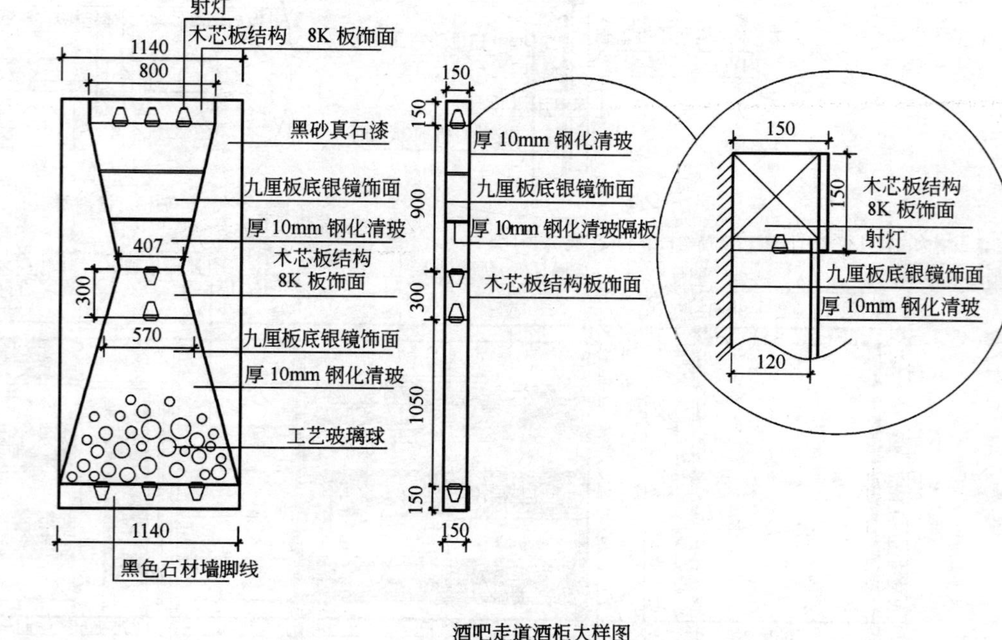

酒吧走道酒柜大样图

RM 01 号包房平面图
6025
3425
125
125
500
850
1725
DJ
800
R612
400
826
625
A
B
C
D
4725
6625
R612
400
400
3000
4725
6625
600×600 仿古防滑地砖
面铺双层地毯
875
120
500
300
1400
200
380
910
A-1
1780
500
A-2
200
75
500
1000
1400
120
C-1
1880
6975

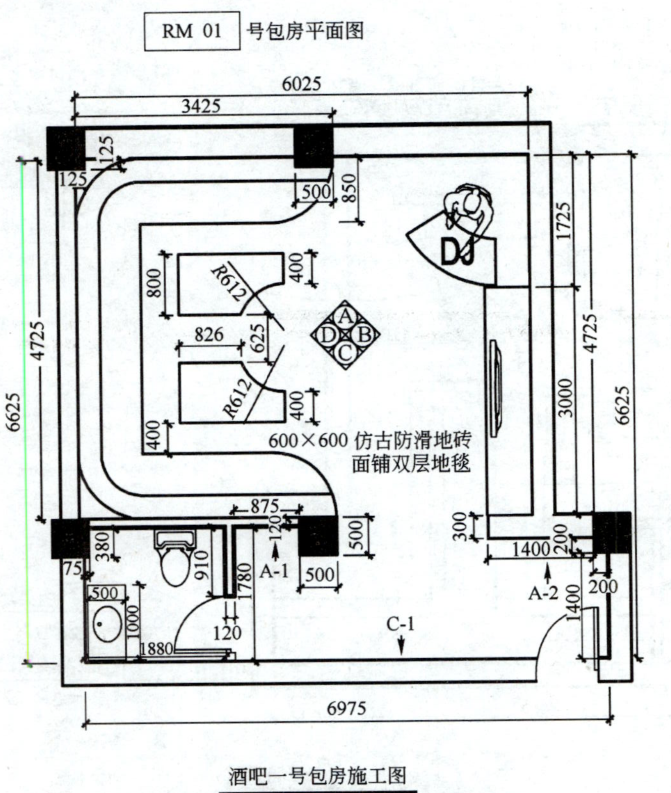

酒吧一号包房施工图

RM 01 号包房顶面图
轻钢龙骨石膏板
深灰乳胶漆
厚3mm白色
亚克力
内装LED背光源
白色乳胶漆灯槽
内装蓝色LED美耐管
厚36木芯板
白色乳胶漆
射灯
5夹板结构
红色塑铝板饰面
金色塑料压条
厚5mm白色亚克力板
LED背光源
红蓝绿3色美耐管
木结构墙纸饰面
拉毛披灰白色乳胶漆
632
240
1123
R160
R200
1874
490
427
507
1636
210
R140
R110
R80
1410
3728
600
778
870
538
570
120
284
2018
2303
2698
1880
1660
6975
200
135

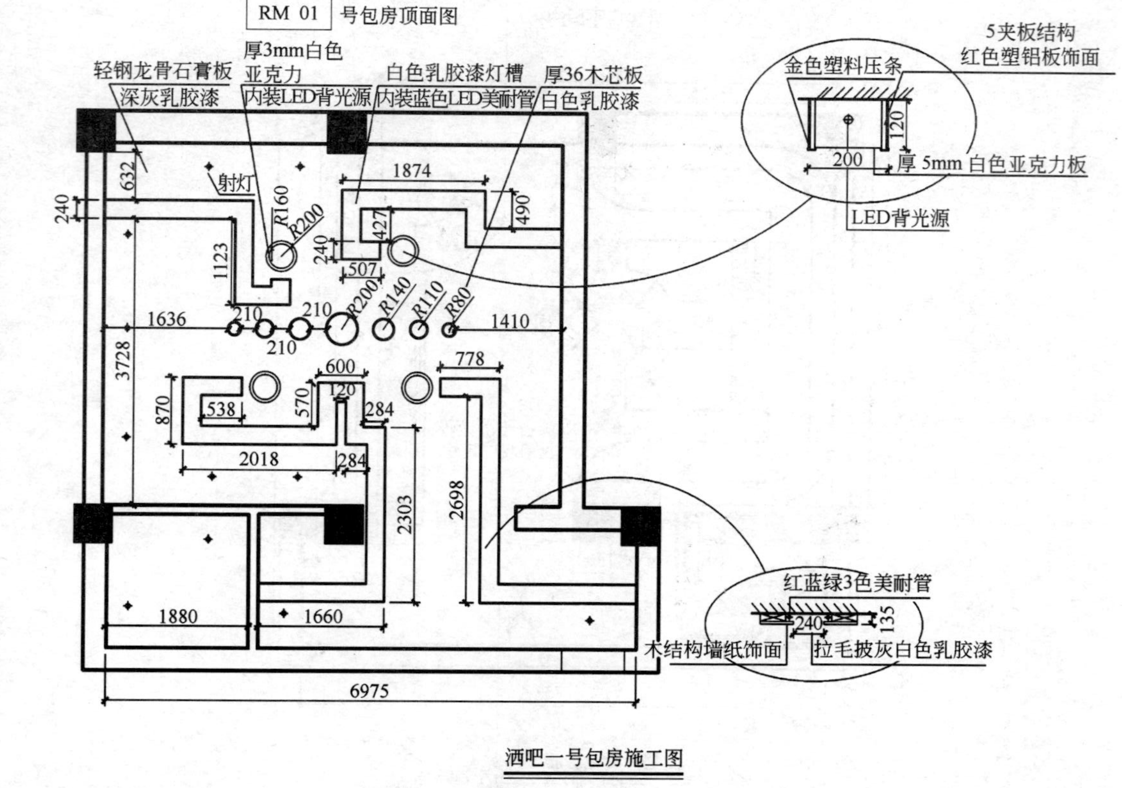

酒吧一号包房施工图

RM 01 号包房A立面图
厚5mm白色亚克力灯盒高60mm
内装LED背光源
墙纸饰面
九厘板基础
车边银镜饰面
九厘板基础
九厘板基础
车边银镜饰面
红蓝绿3色美耐管
木结构墙纸饰面
拉毛披灰白色乳胶漆
金色塑料压条
5夹板结构
红色塑铝板饰面
厚 5mm 白色亚克力板
LED背光源
18木芯板
8K板槽饰面
漆板墙角线
墙面银色乳胶漆

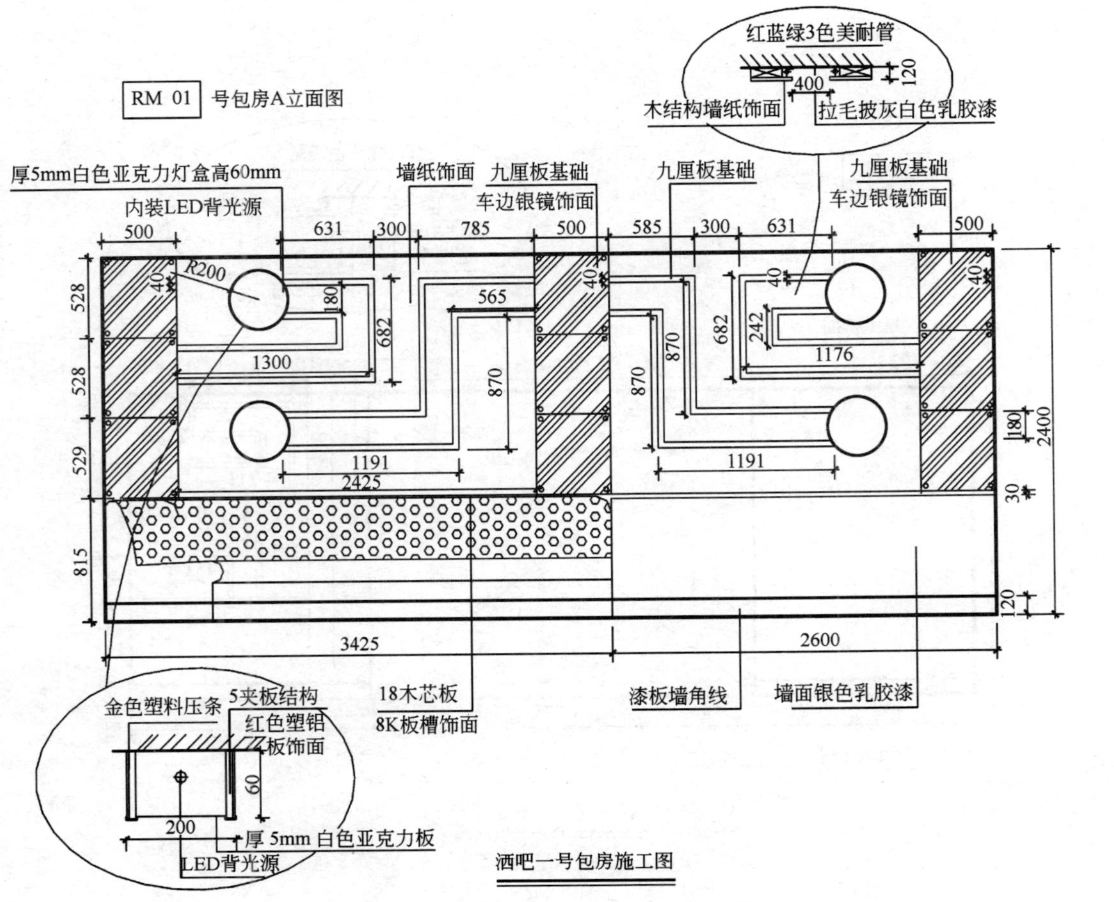

酒吧一号包房施工图

RM 01
号包房 B 立面图
红蓝绿 3 色美耐管
120
木结构墙
纸饰面
180
拉毛披灰白
色乳胶漆
墙纸饰面
1725
3000
墙纸饰面
300
105
819
324
70
723
559
711
451
587
451
725
30
665
120
2400
文化墙另见详图
6625
漆板墙角线

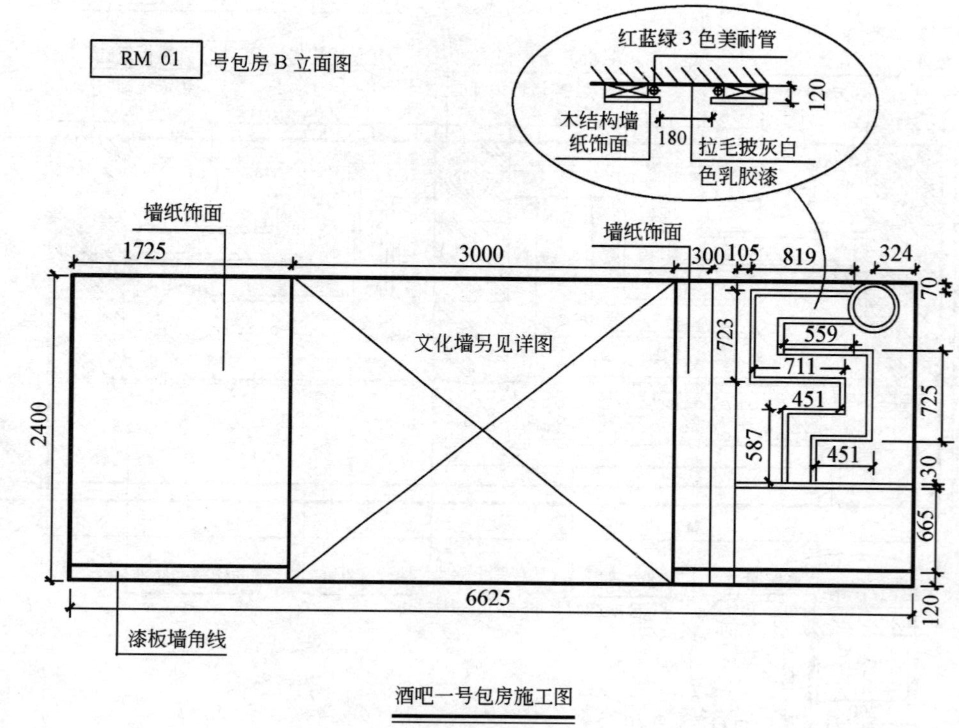

酒吧一号包房施工图

RM 01 号包房C立面图
红蓝绿3色美耐管
120
180
木结构墙纸饰面
拉毛披灰白色乳胶漆
九厘板基础
车边银镜饰面
墙面饰面
九厘板基础
车边银镜饰面
3425
500
729
500
40
856
318
360
1418
180
2400
1061
528
528
529
30
785
5夹板结构
红色塑
铝板饰面
金色塑料压条
200
厚5mm白色亚克力板
LED背光源

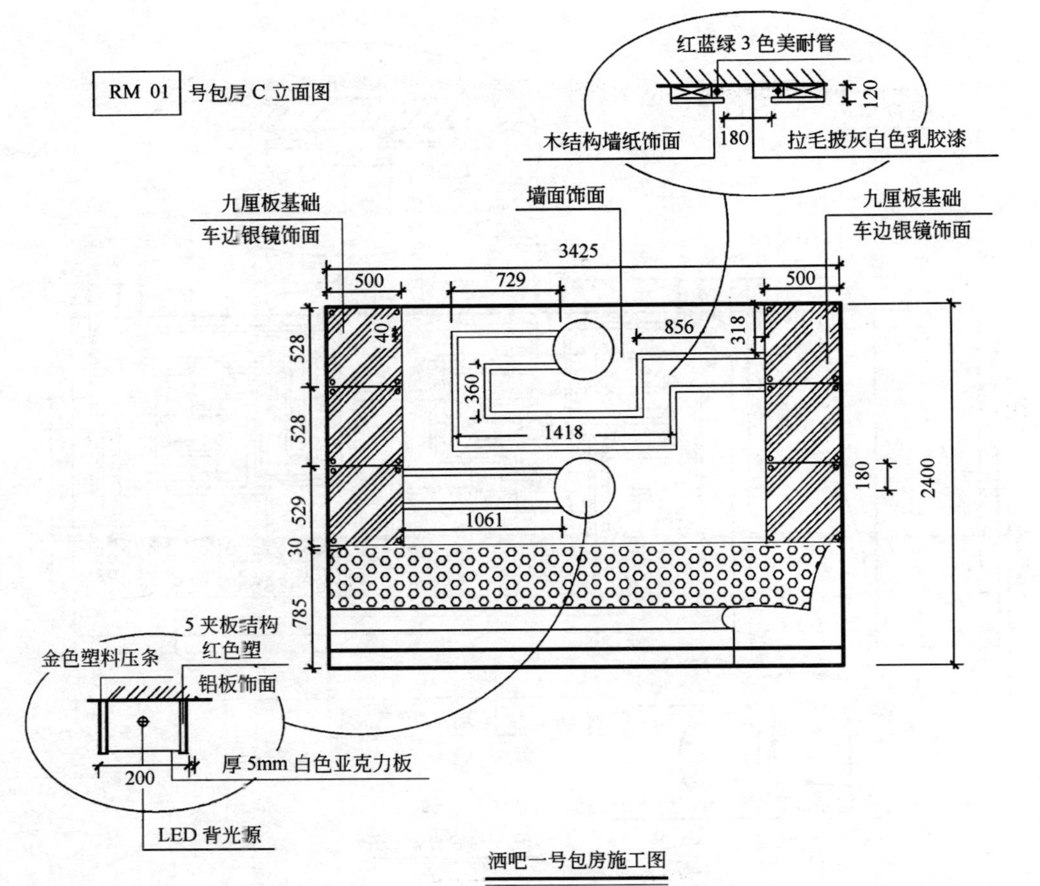

酒吧一号包房施工图

RM 01 号包房D立面图
红蓝绿3色美耐管
120
180
木结构墙
纸饰面
拉毛披灰白
色乳胶漆
墙纸饰面
墙纸饰面
120
750
910
120
220
819
819
1425
216
1585
30
665
120
725
711
283
139
162
576
205
512
466
106
750
451
508
894
708
489
113
108
533
466
922
800
5 夹板结构
红色塑铝板饰面
6625
漆板墙角线
墙面银色乳胶漆
金色塑料压条
60
200
厚 5mm 白色亚克力板
LED背光源

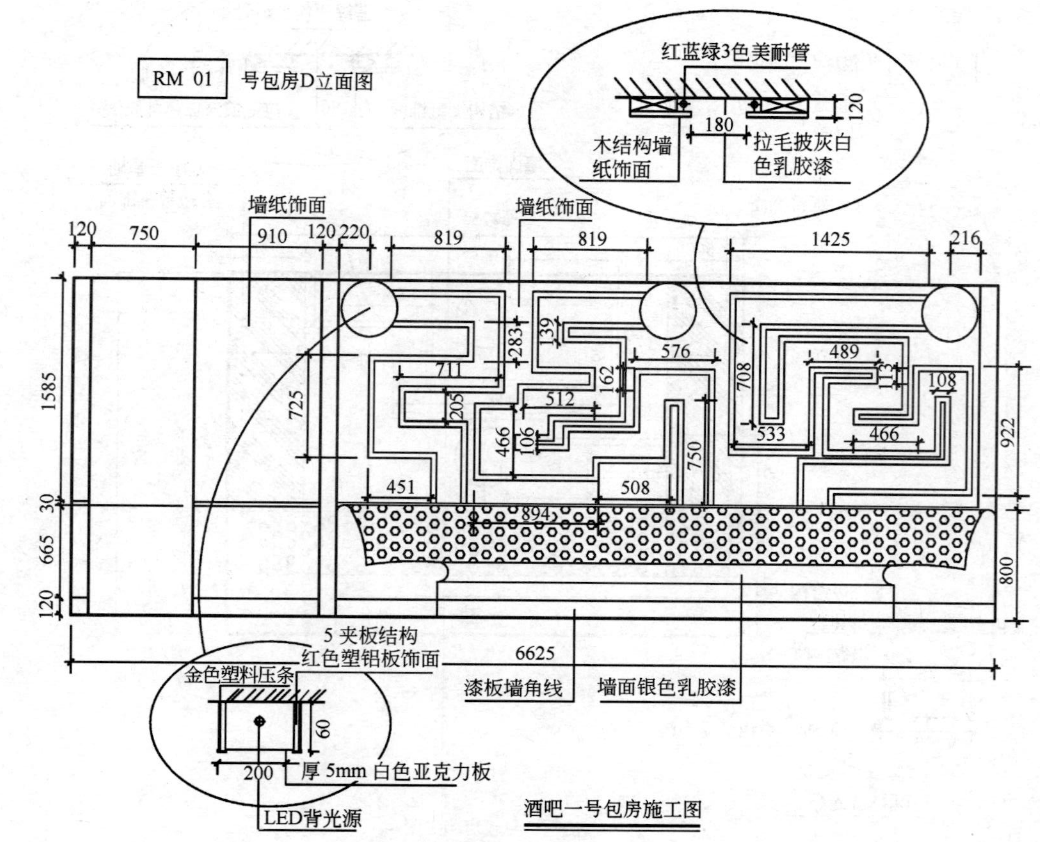

酒吧一号包房施工图

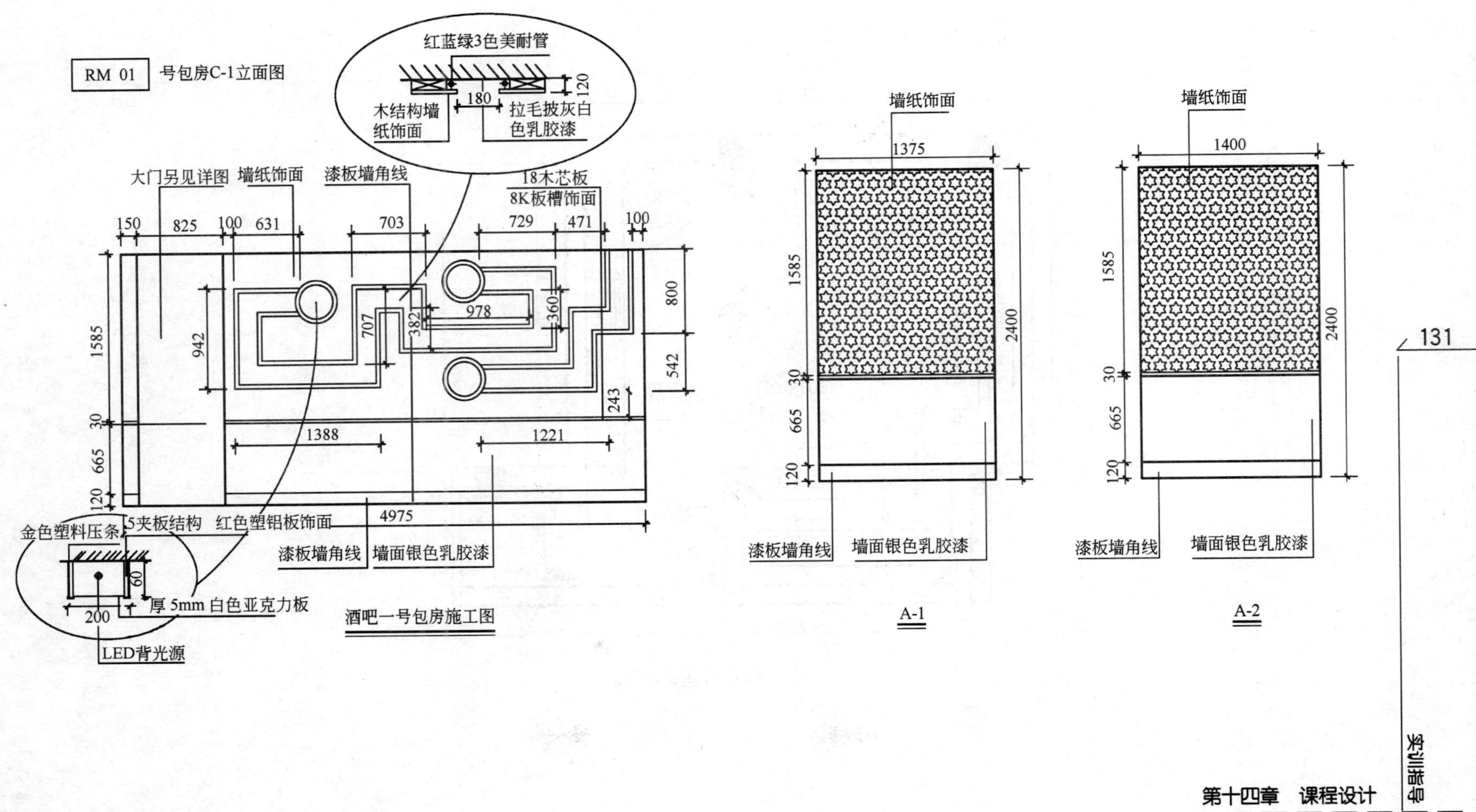
RM 01　号包房C-1立面图
红蓝绿3色美耐管
木结构墙纸饰面
拉毛披灰白色乳胶漆
180
120
大门另见详图
墙纸饰面
漆板墙角线
18木芯板
8K板槽饰面
150
825
100
631
703
729
471
100
1585
30
665
120
942
707
382
978
360
800
542
243
1388
1221
4975
5夹板结构
红色塑铝板饰面
金色塑料压条
漆板墙角线
墙面银色乳胶漆
60
200
厚5mm白色亚克力板
LED背光源
酒吧一号包房施工图
墙纸饰面
1375
2400
1585
30
665
120
漆板墙角线
墙面银色乳胶漆
A-1
墙纸饰面
1400
2400
1585
30
665
120
漆板墙角线
墙面银色乳胶漆
A-2

RM 02 号包房平面图

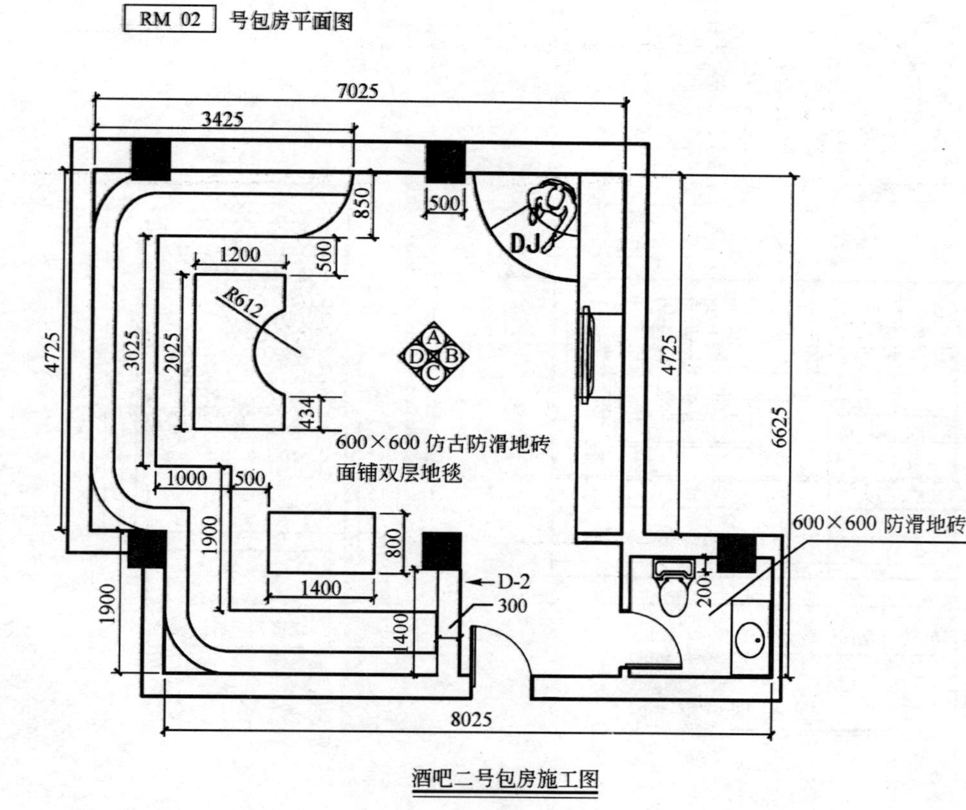

酒吧二号包房施工图

RM 02 号包房顶面图
不锈钢0.75
光纤板
美耐管灯盒
木芯板银色乳胶漆
内藏蓝色灯带
319
3351
891
+2.55
898
1178
+2.70
779
1220
2824
+2.38
2307
1527
+2.40
1154
953
378
1209
1051
658
3109
木芯板 九厘板结构
LED 变色编程
银色
塑铝
板
120
120
484
916 2 400 400 400 400
120 120 120 120
白色亚
克力板

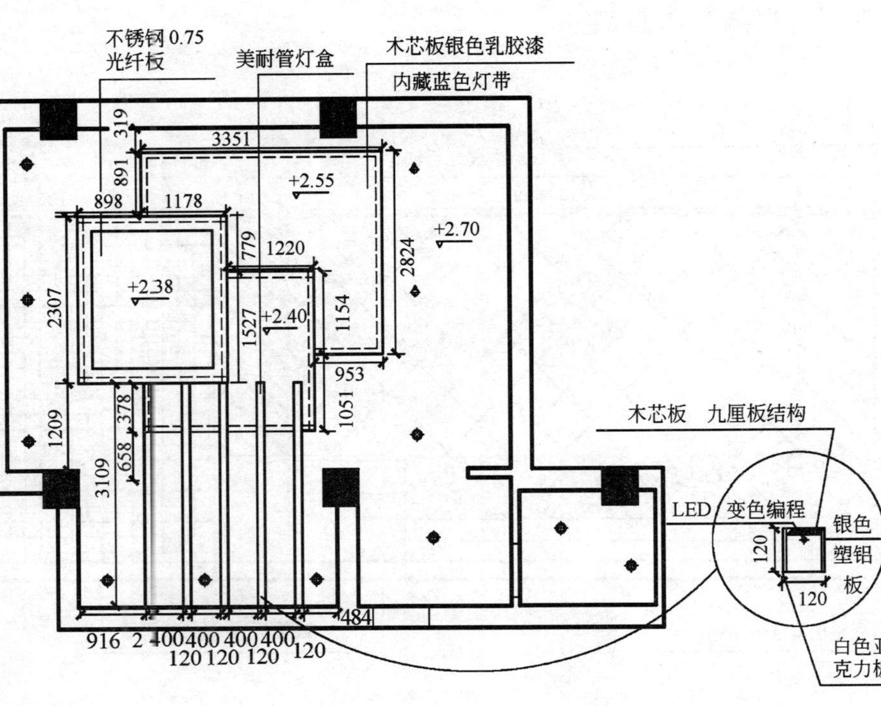

酒吧二号包房施工图

RM 02 号包房 A 立面图

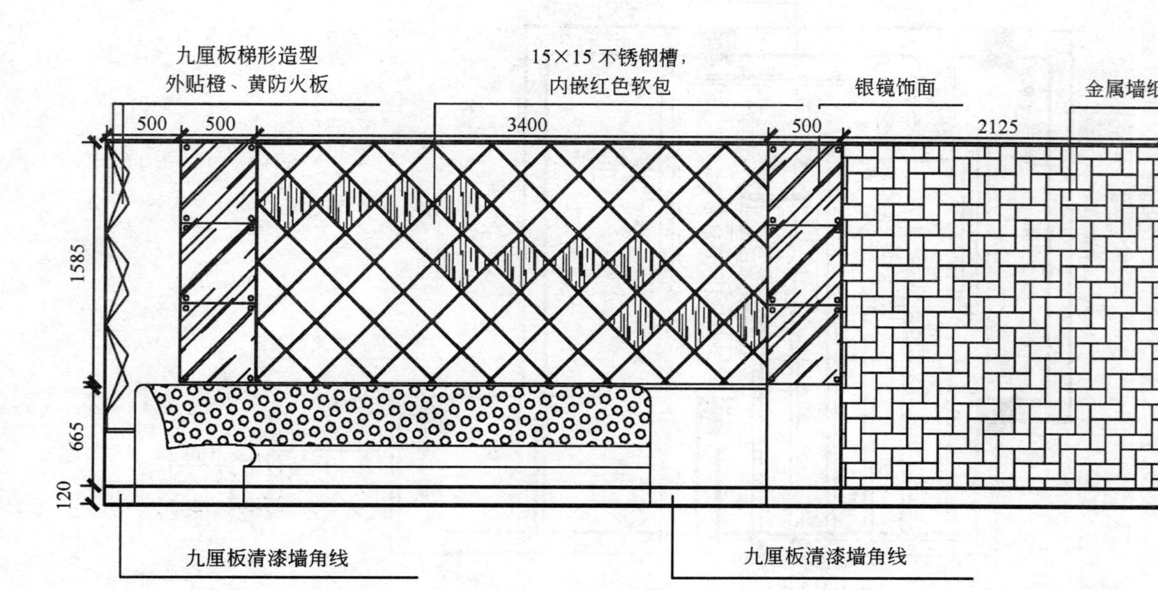

酒吧二号包房施工图

RM 02
号包房 B 立面图
金属墙纸
金属墙纸
1725
3000
120
910
750
120
2400
1585
30
665
120
文化墙另见详图
卫生间门另见详图
九厘板清漆墙角线
九厘板清漆墙角线

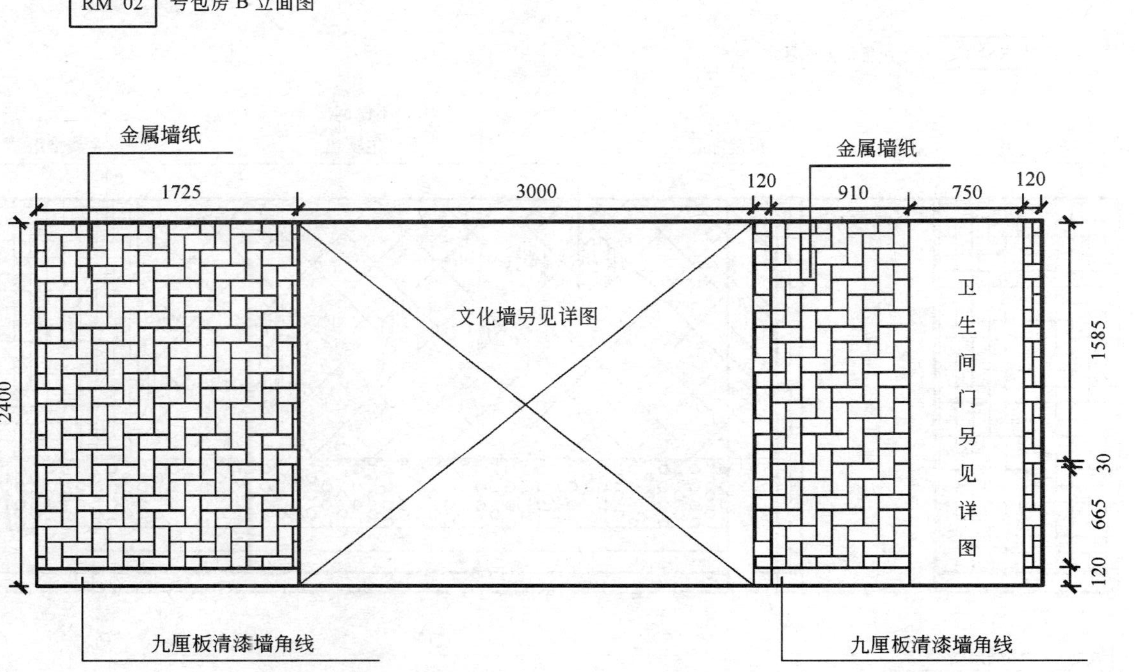

酒吧二号包房施工图

RM 02
号包房C立面图
金属墙纸
银镜饰面
15×15不锈钢槽
内嵌红色软包
金属墙纸
大门另见详图
九厘板清漆墙角线

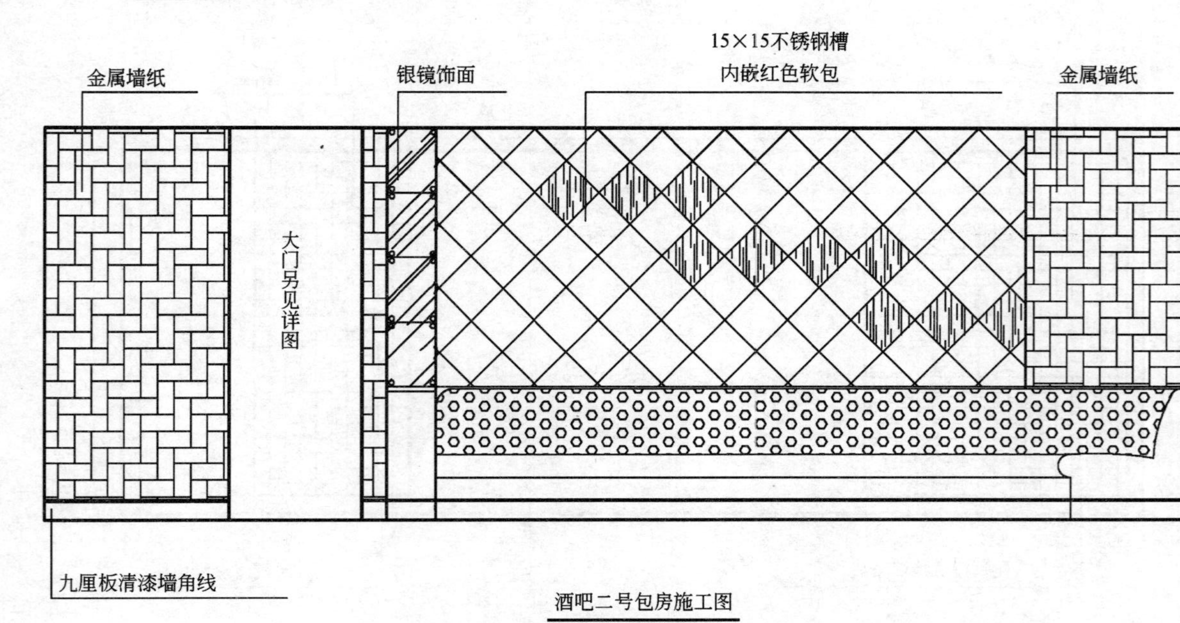

酒吧二号包房施工图

RM 02
号包房D立面图
金属墙纸
9厘板梯形造型
外贴橙、黄防火板
30×20×30
不锈钢槽板
20×20 不锈钢，
内嵌黑、棕色软包
1900
812
150
2800
150
812
270
270
270
151
327
151
327
151
184
815
1450
30
785

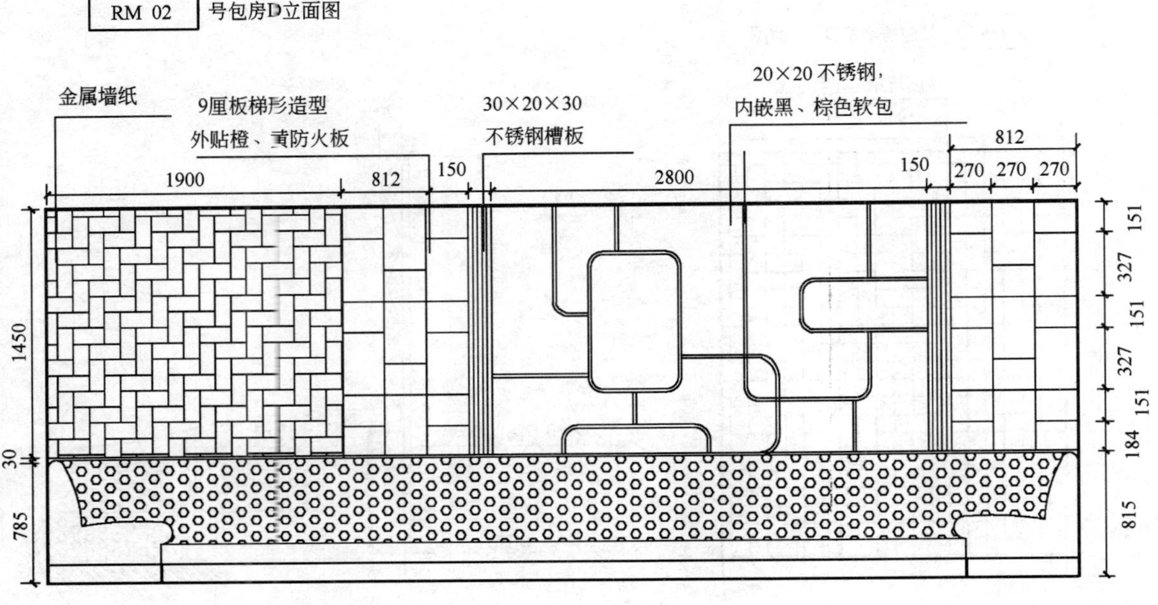

酒吧二号包房施工图

RM 02 号包房套房D-2立面图
金属墙纸
1900
2280
120
九厘板清漆墙角线
120
327
483
483
483
1450
100
100×20不锈钢槽板
LED蓝色美耐管
厚10mm磨砂玻璃
850
木芯板基础 银色乳胶漆
200
850

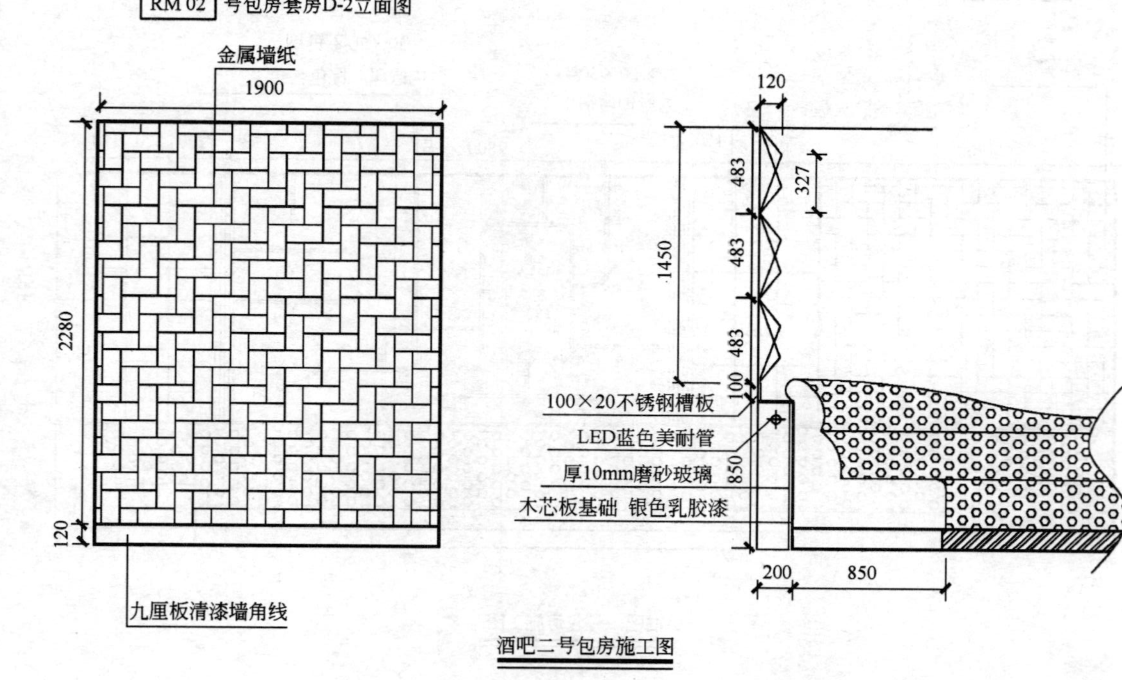

酒吧二号包房施工图

RM 03 号包房平面图
7075
1650
3425
850
500
1200
2025
R612
434
4725
4725
6625
1900
DJ
A
B
C
D

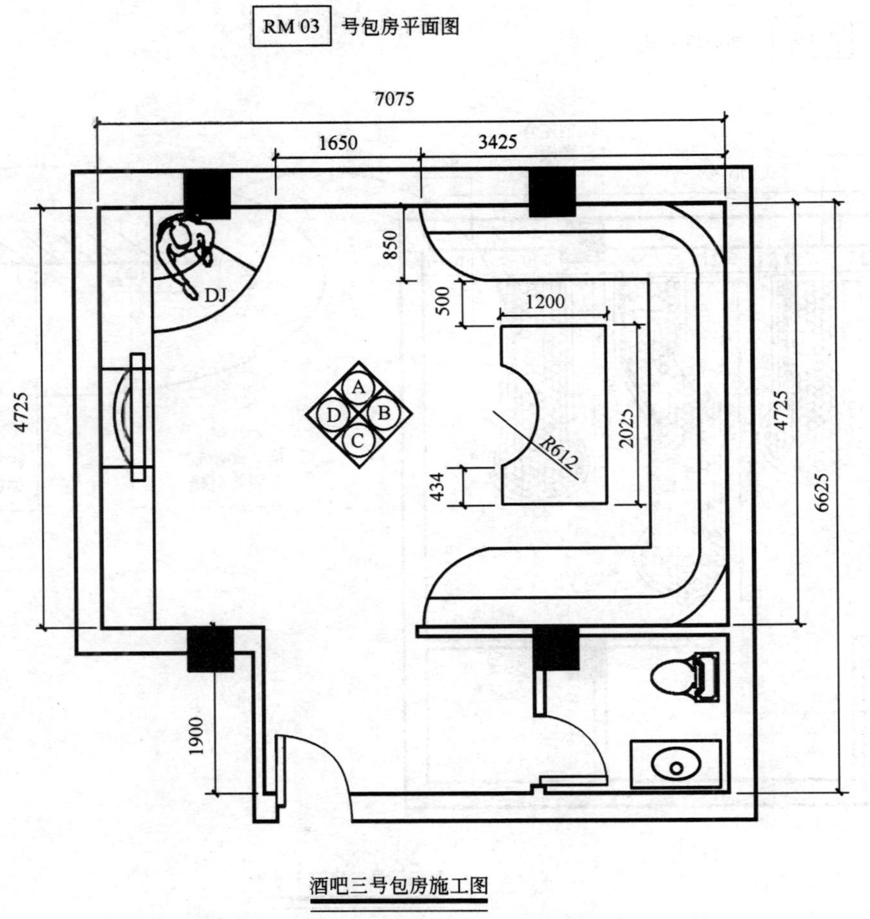

酒吧三号包房施工图

RM 03
号包房顶面图
金色金属墙纸
内置黄色美耐管
轻钢龙骨
石膏板
射灯
7075
383
729
827
729
1213
729
729
1016
1452
999
2440
265
265
3397
969
1421
1582
775
775
791
994
2736
1886
3894
1582
1372
1095
100
黄色美耐管
九厘板灯槽
轻钢龙骨石膏板
金色金属墙纸

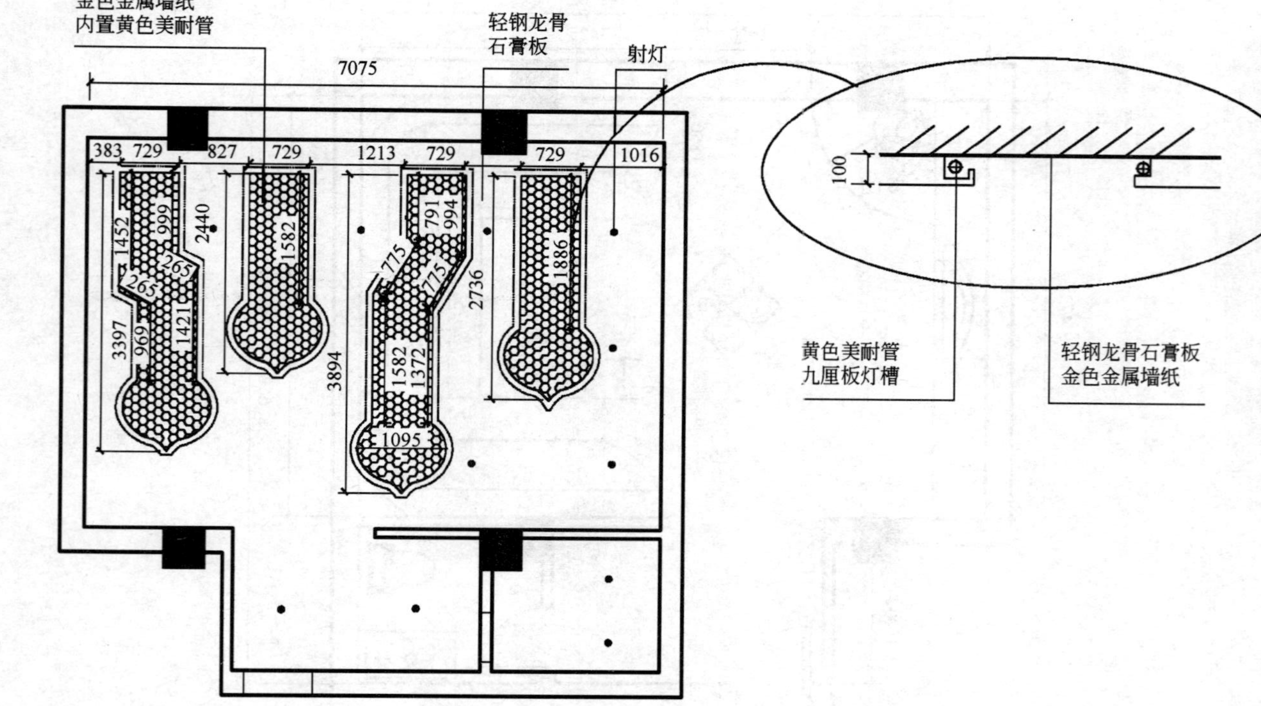

酒吧三号包房施工图

RM 03 号包房A立面图

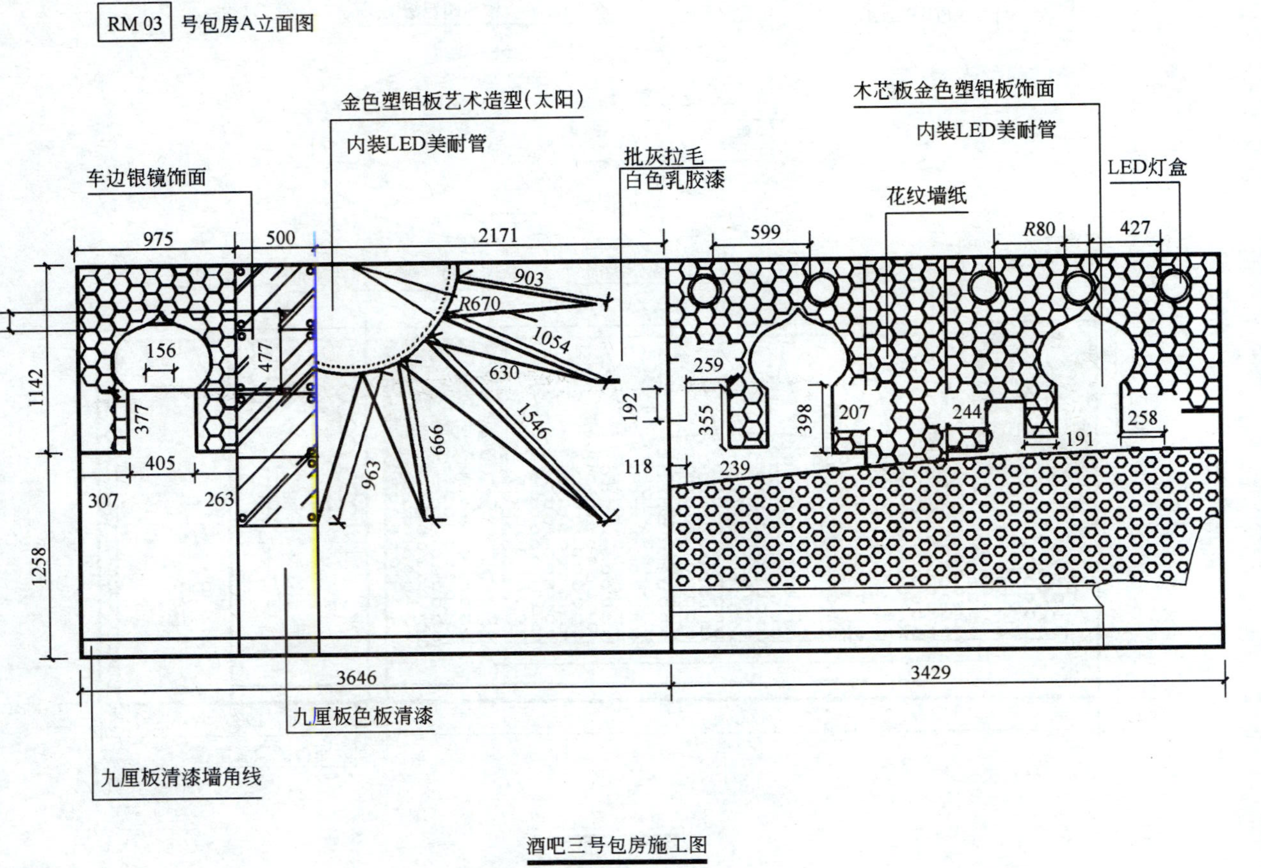

酒吧三号包房施工图

RM 03 号包房B立面图
木芯板结构 银色塑铝板饰面
LED 美耐管
120
厚8mm磨砂玻璃
黑漆图案玻璃
内装LED背光源
花纹墙线
木芯板结构 白色塑铝板饰面
木芯板结构 金色塑铝板饰面
花纹墙纸
778
3168
779
120
910
750
120
987
387
253
253
卫生间门另见详图
4725
1900
九厘板清漆墙角线

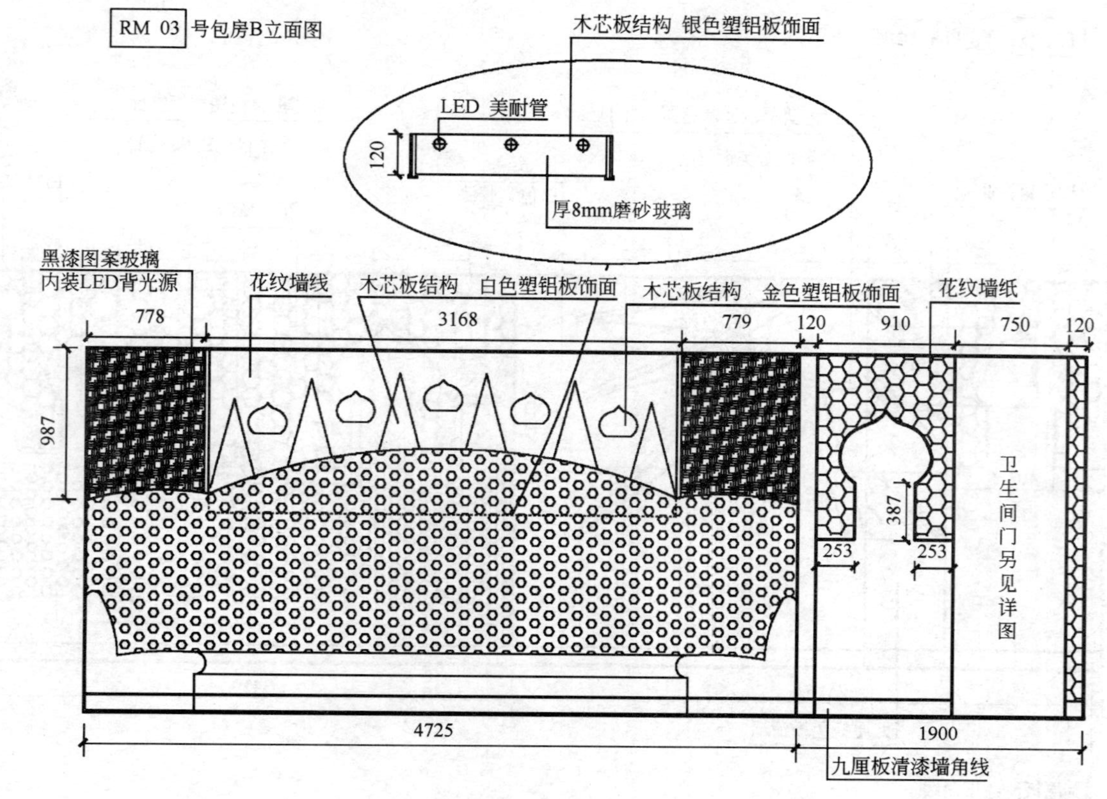

酒吧三号包房施工图

RM 03 号包房C立面图
100
木芯板金色
塑铝板饰面
LED背光源
100
木芯板金色
塑铝板饰面
LED背光源
木芯板金色塑铝板饰面
内装LED美耐管
花纹墙纸
花纹墙纸
塑铝板艺术
造型（月亮）
花纹墙纸
R100
R80
3505
2148
775
825
150
1820
1585
30
785
257
248
89
1616
274
257
274
26
84
62
249
501
2021
2207
大门另见详图
377
405
455
224
421
539
九厘板清漆墙角线

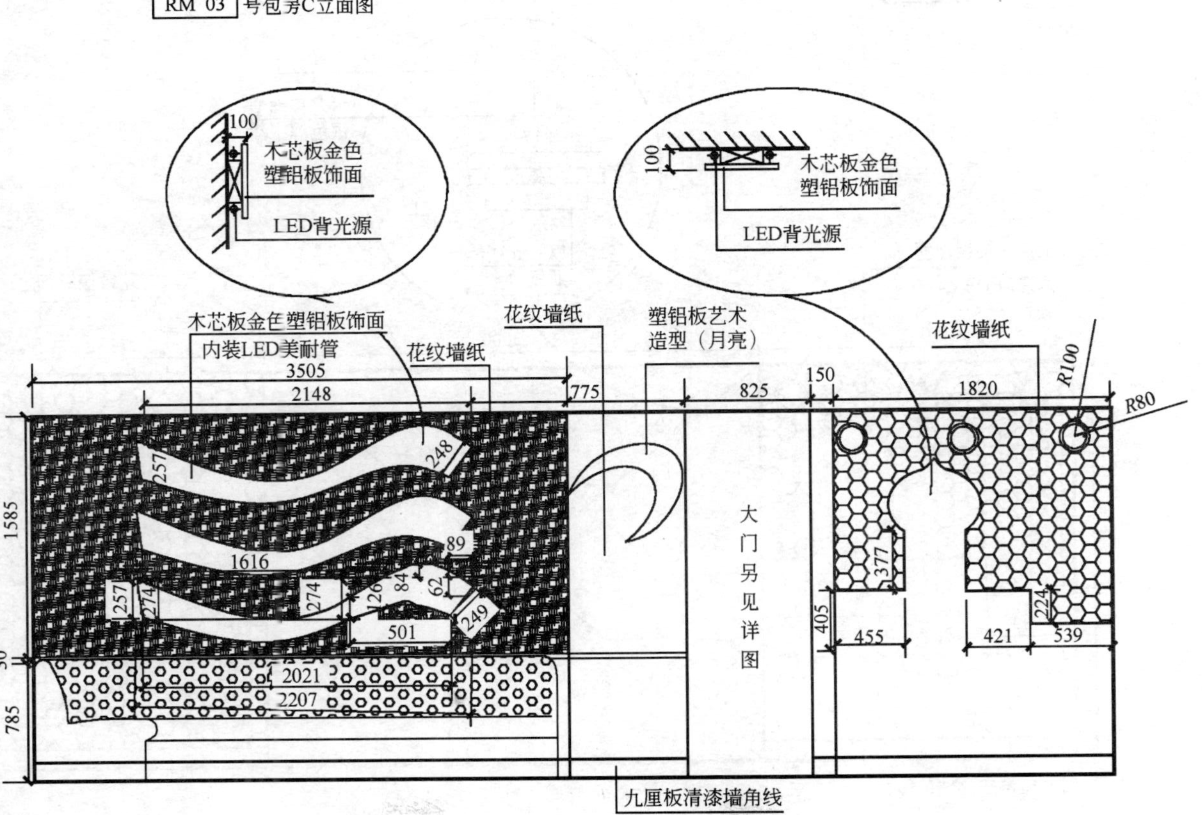

酒吧三号包房施工图

RM 03 号包房D立面图
LED背光源
木芯板造型
银色浑水漆
817
30
120
厚3mm红色
亚克力
木芯板金色塑铝板饰面
内装LED美耐管
花纹墙纸
1900
3000
1725
571
1413
387
224
650
405
307
172
539
665
120
文化墙另见详图
九厘板清漆墙角线

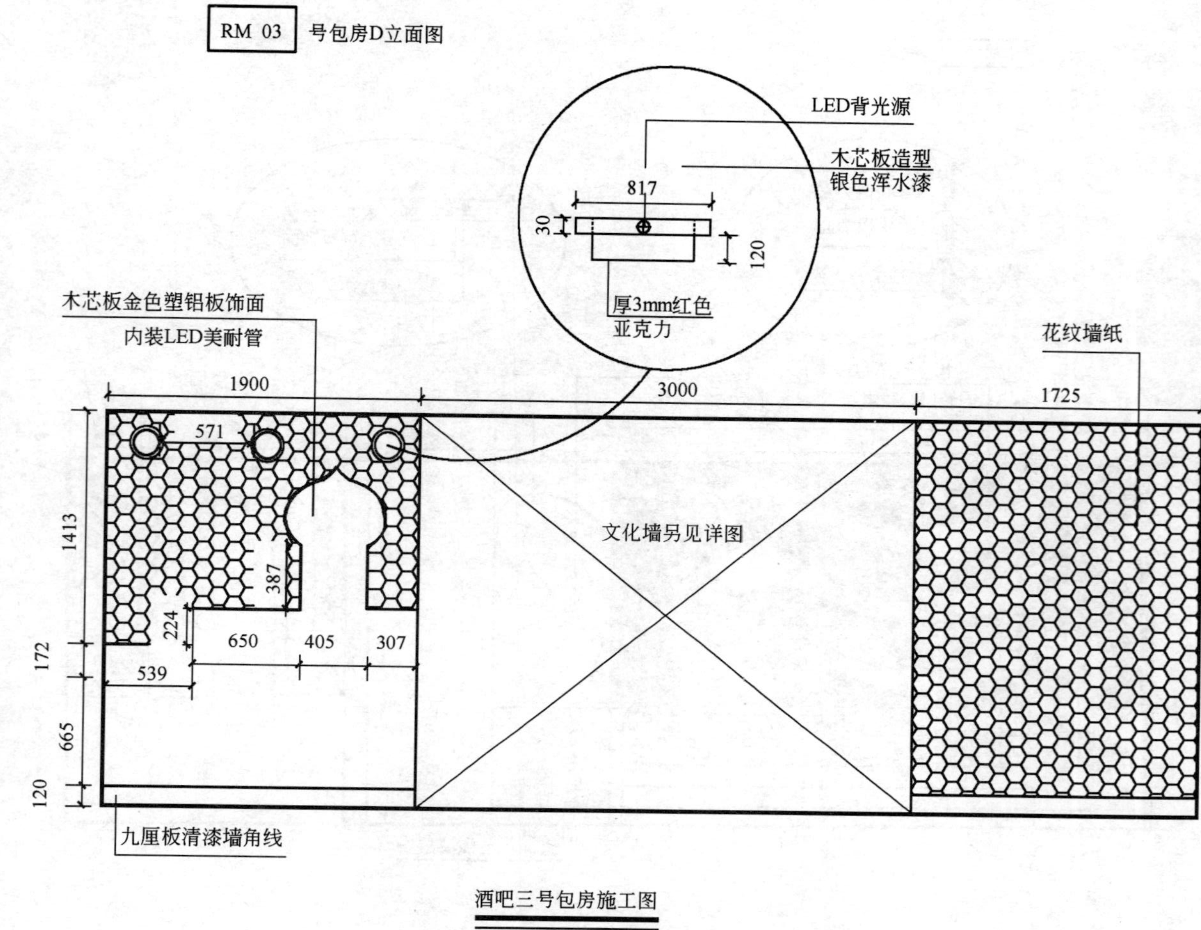

酒吧三号包房施工图

RM 04 号包房平面图
RM 04 号包房顶面图
LED红绿蓝美耐管
轻钢龙骨石膏板
深灰色乳胶漆
九厘板灯槽内白色乳胶漆
九厘板造型槽内白色乳胶漆
内装LED红绿蓝美耐管
5500
8325
2450
1967
1050
1050
617
853
988
1100
512
1076
550 550
500
3400
200
920
707
4100
240
750
983
2680
3480
60
60
366
80
1887
366
31
R250
+2.60
+2.45
射灯
注：套房立面墙纸贴面
酒吧四号包房施工图

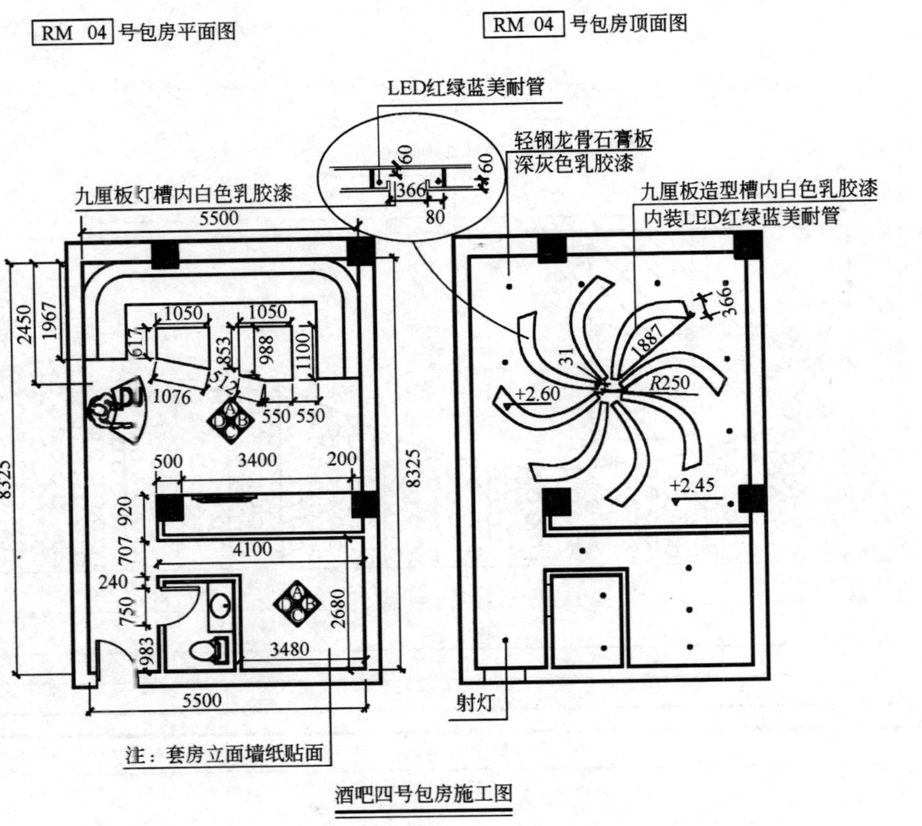

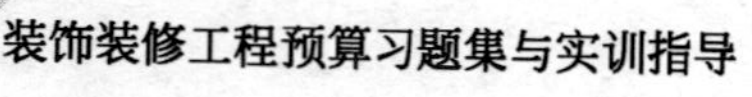

RM 04 号包房 A 立面图

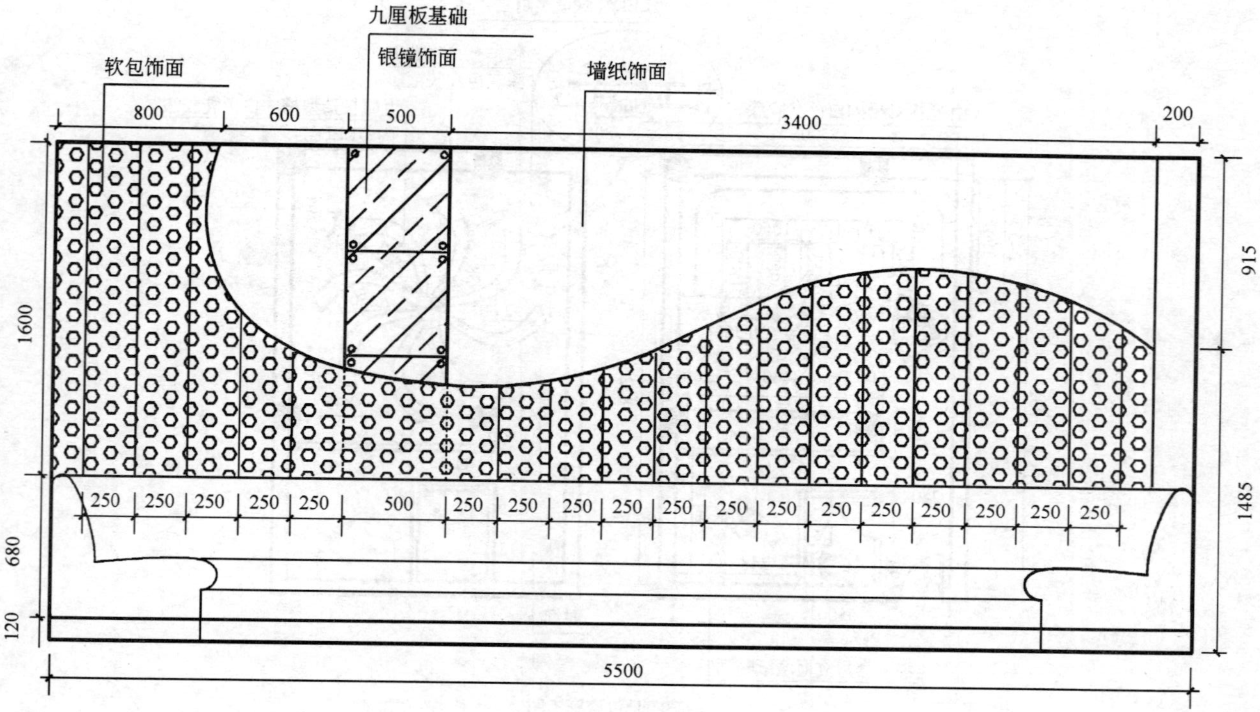

酒吧四号包房施工图

RM 04 号包房 B 立面图

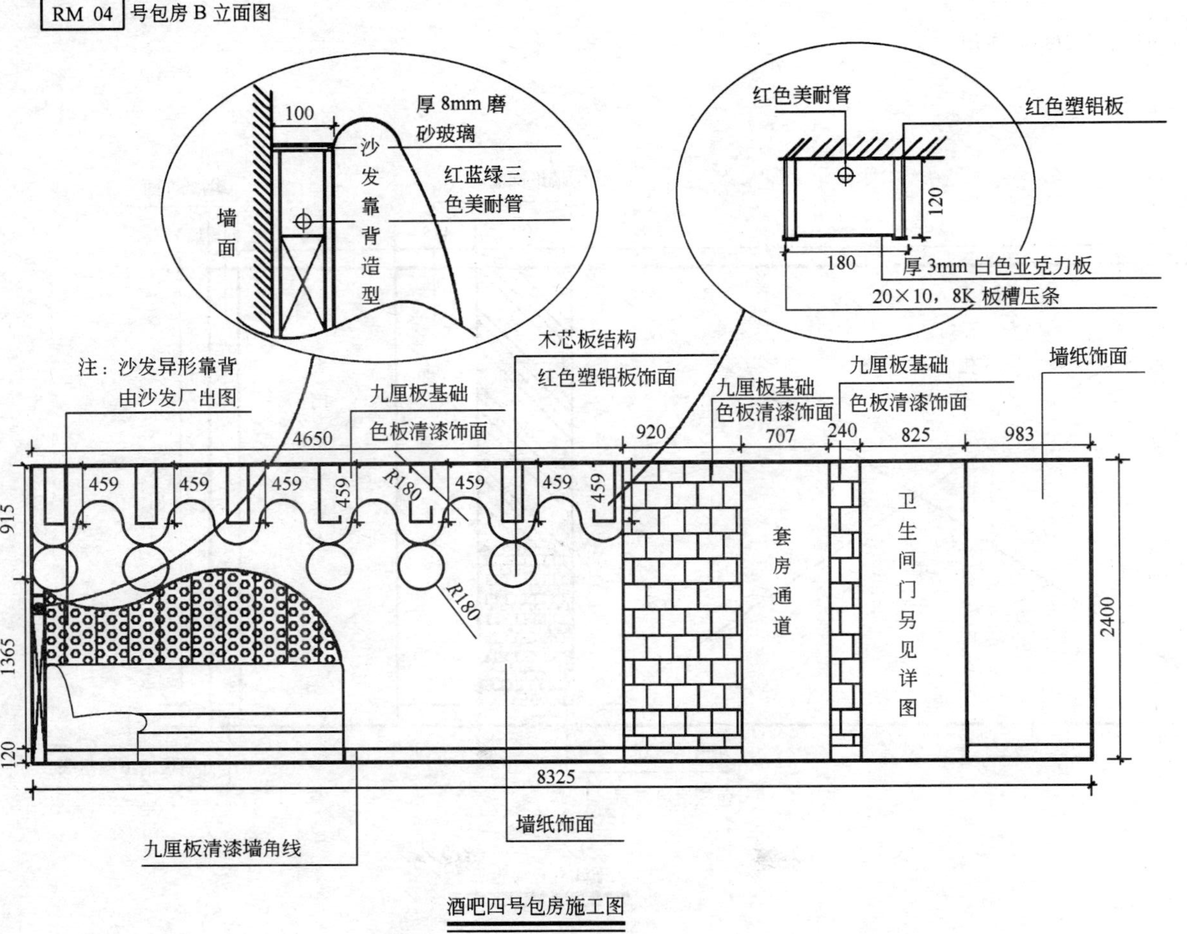

酒吧四号包房施工图

RM 04 号包房 C 立面图

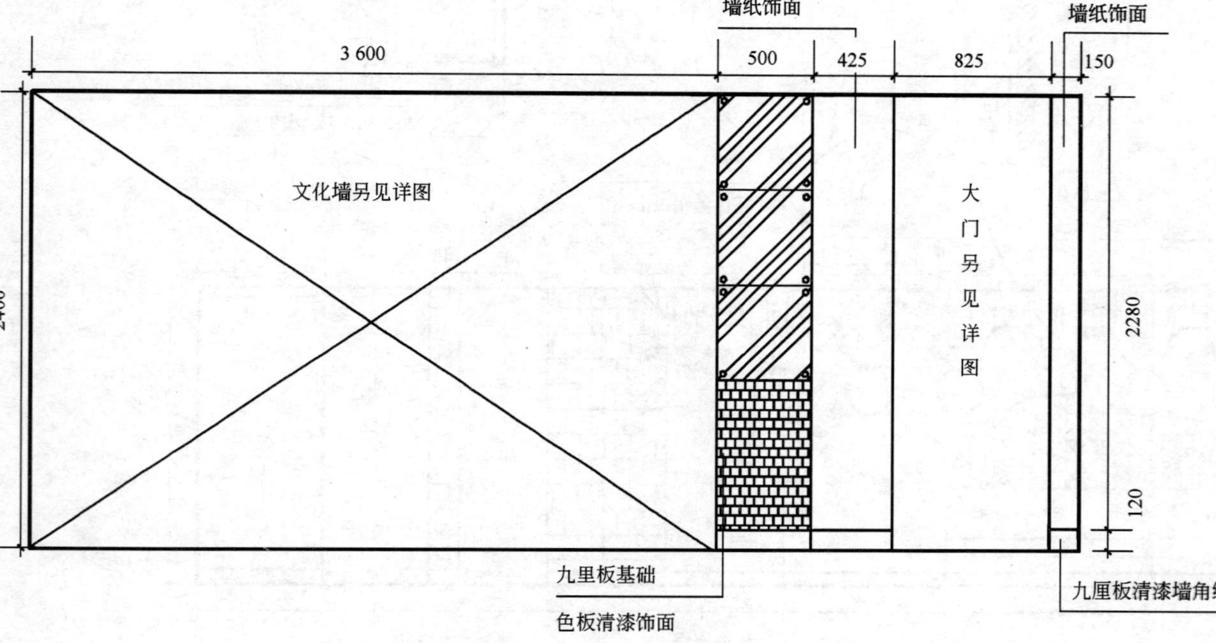

酒吧四号包房施工图

RM 04 号包房 D 立面图
红色美耐管
红色塑铝板
120
180
厚 3mm 白色亚克力板
20×10，8K 板槽压条
九里板基础
色板清漆饰面
木芯板结构 红色塑铝板饰面
花纹长毛墙毯
7525
800
461
1819
120
九厘板清漆墙角线
墙纸饰面

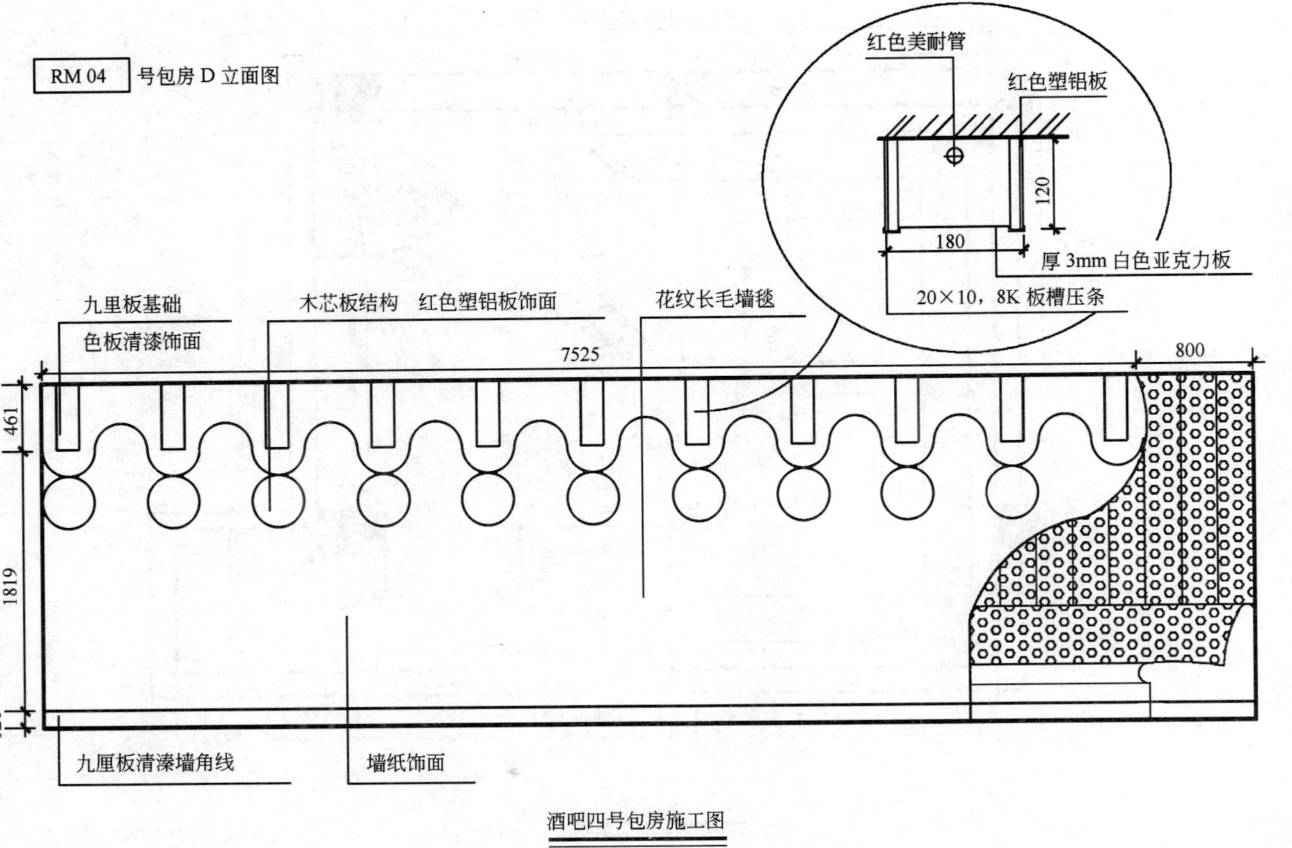

酒吧四号包房施工图

RM 05 号包房平面图

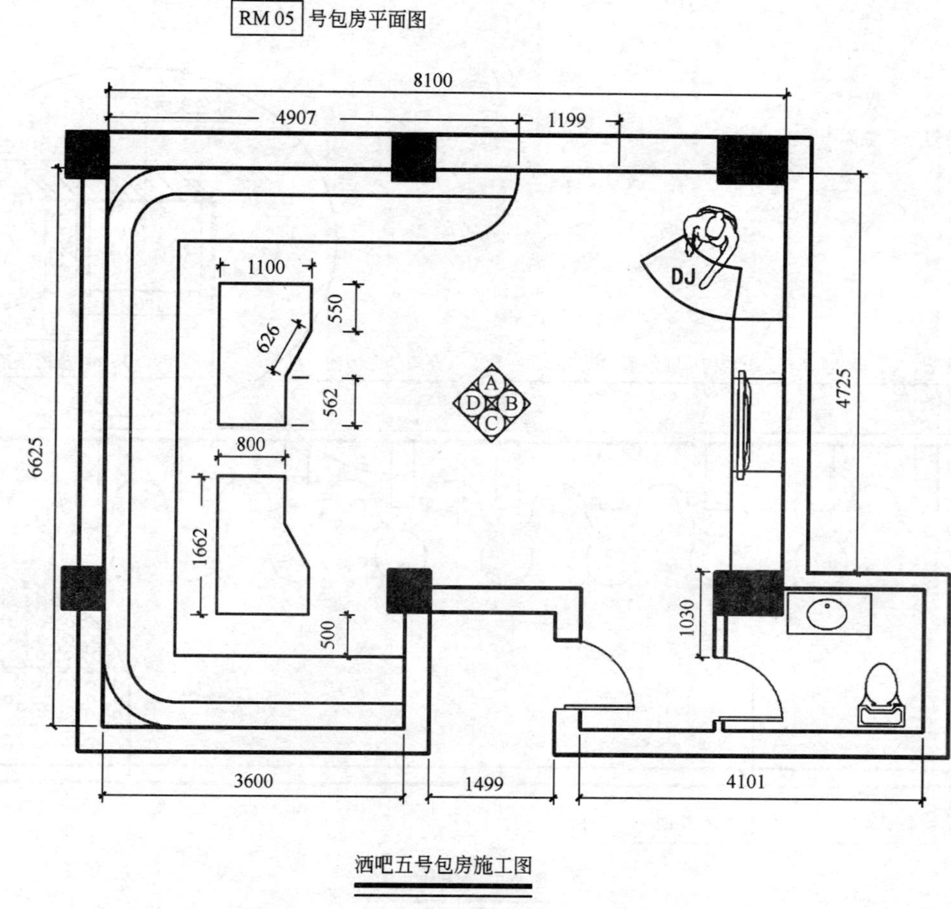

酒吧五号包房施工图

RM 05 号包房顶面图
射灯
轻钢龙骨石膏板
灰色乳胶漆
LED 灯槽
射灯
九厘板灯槽造型
LED 美耐管灯带
九厘板槽内
白色乳胶漆
6335
3000
1665
500
1356
800
+2.40
+2.55
2500
1278
2153
835
3000
1515
1000
1500
800
+2.55
1585
2000
556
2300
800
1256
1300
2691
556
2800
+2.55
3000
+2.55
1000
1800
2278
1300
750
2434
2000
1001
500
100
80
60
150

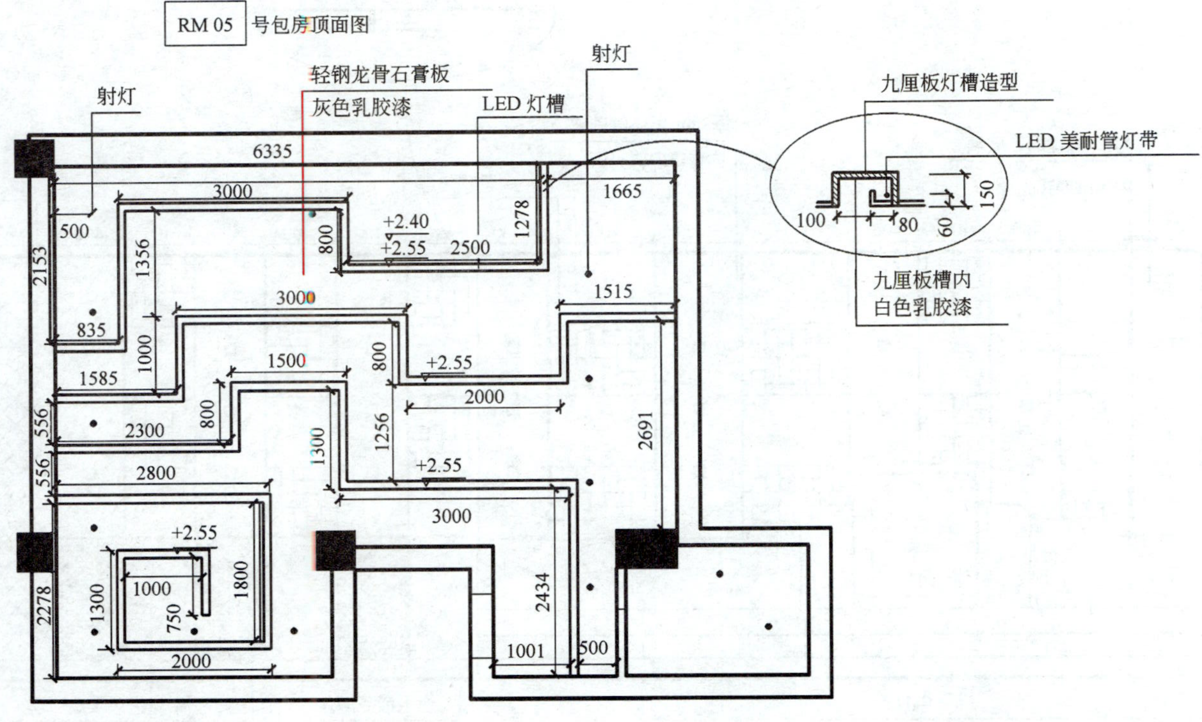

酒吧五号包房施工图

RM 05 号包房A立面图

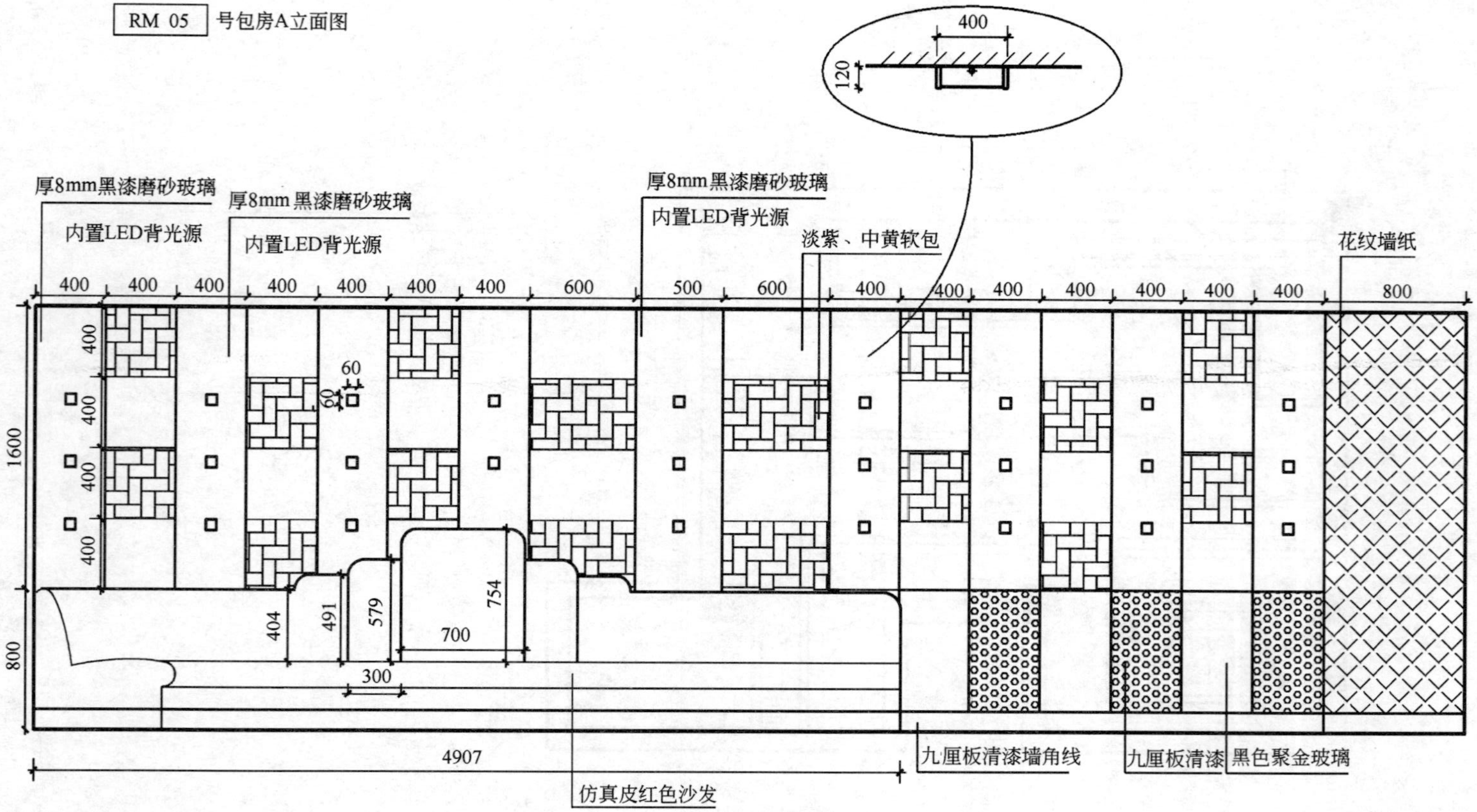

400
120

厚8mm黑漆磨砂玻璃
内置LED背光源

厚8mm黑漆磨砂玻璃
内置LED背光源

厚8mm黑漆磨砂玻璃
内置LED背光源

淡紫、中黄软包

花纹墙纸

400 400 400 400 400 400 400 600 500 600 400 400 400 400 400 400 400 800

1600 400 400 400 400 800

60 60

404 491 579 754 700 300

4907

九厘板清漆墙角线

九厘板清漆

黑色聚金玻璃

仿真皮红色沙发

酒吧五号包房施工图

RM 05 号包房 B 立面图
花纹墙纸
花纹墙纸
文化墙另见详图
卫生间门另见详图
2280
1725
3000
1030
750
120
九厘板清漆墙角线
酒吧五号包房施工图

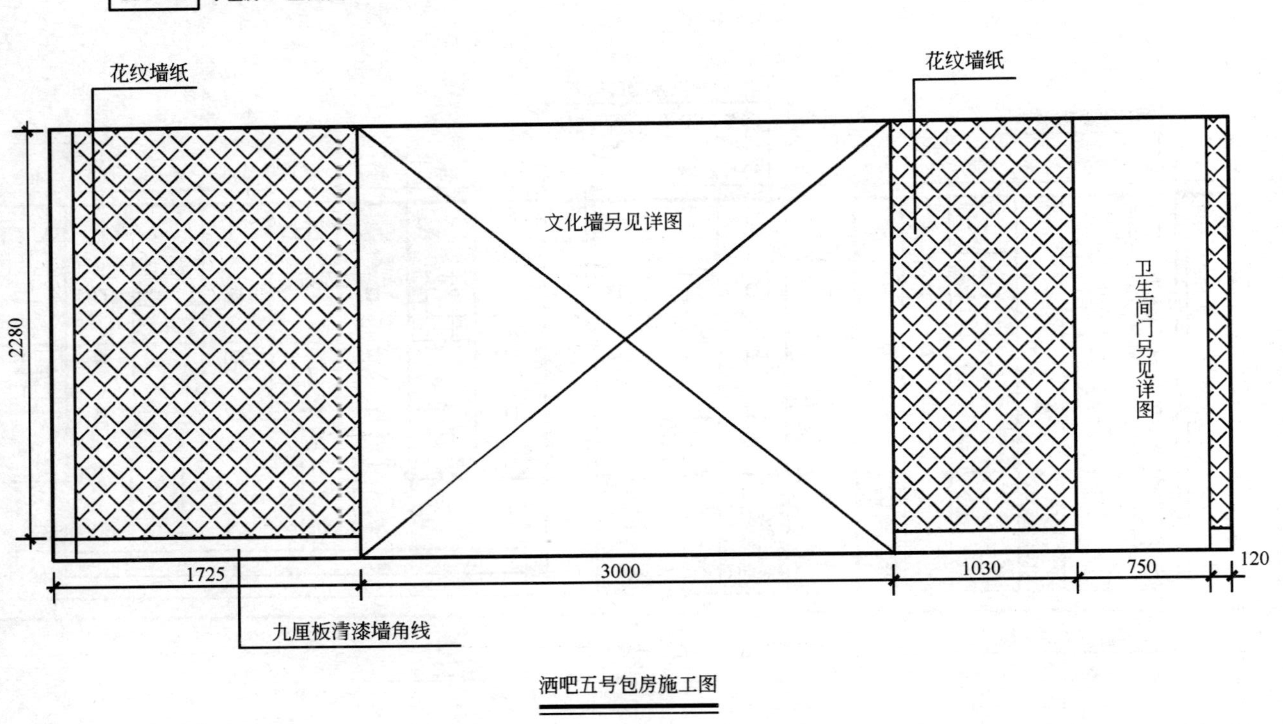

RM 05 号包房 C 立面图

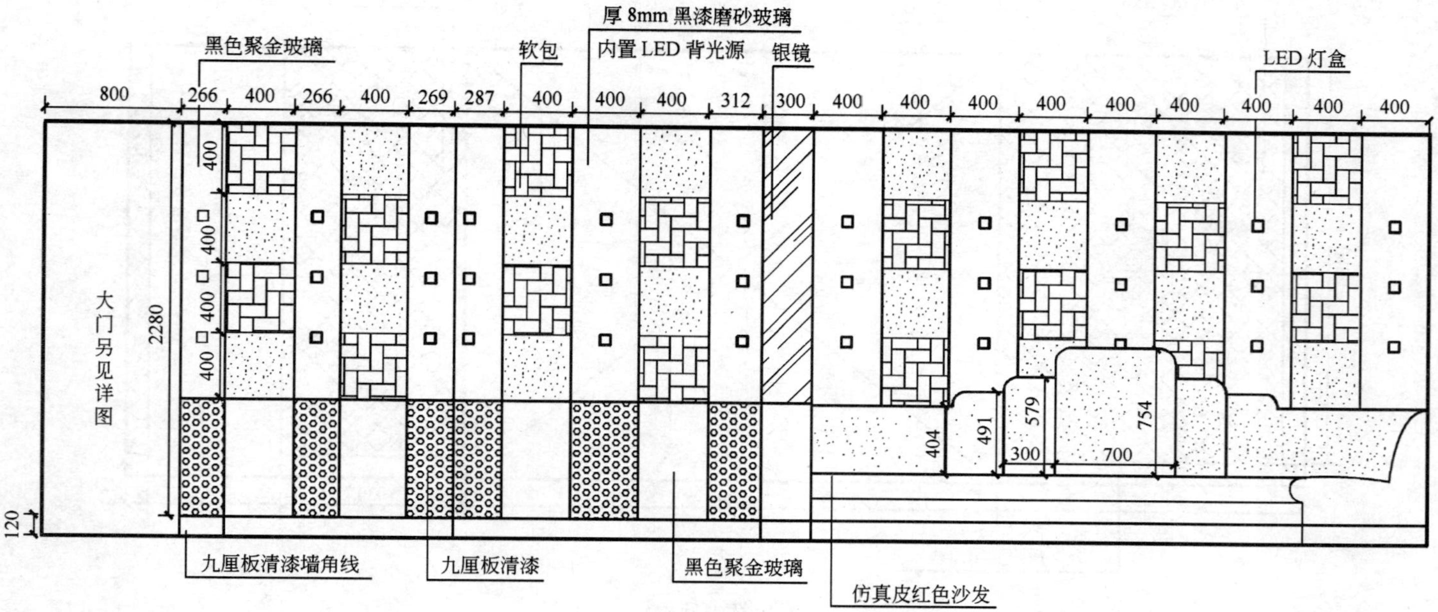

酒吧五号包房施工图

RM 05 号包房 D 立面图

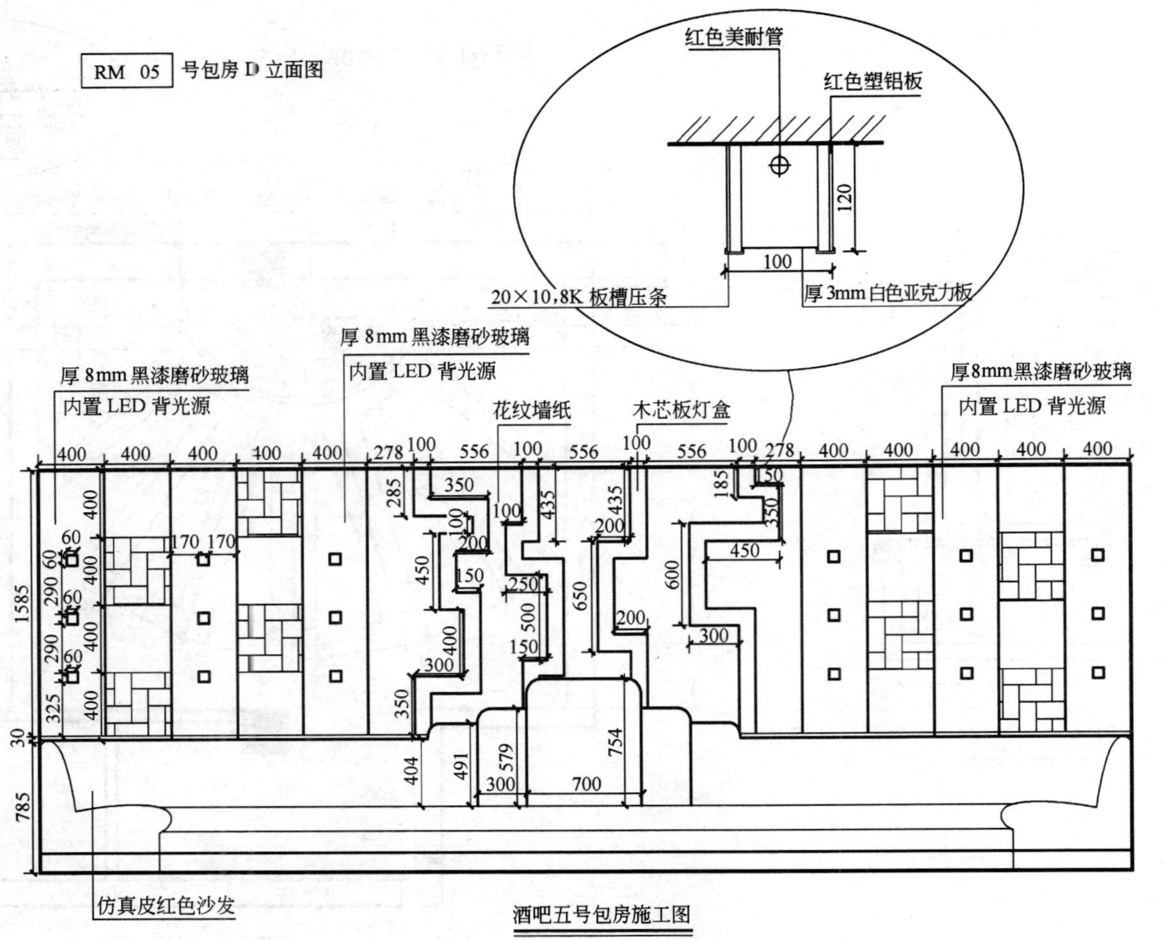

酒吧五号包房施工图

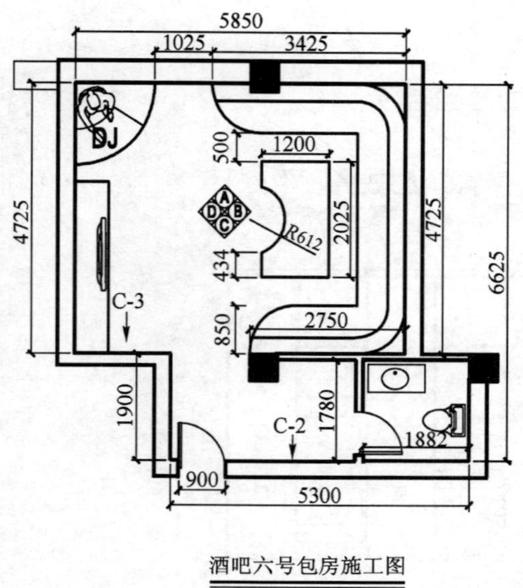

酒吧六号包房施工图

RM 06 号包房顶面图

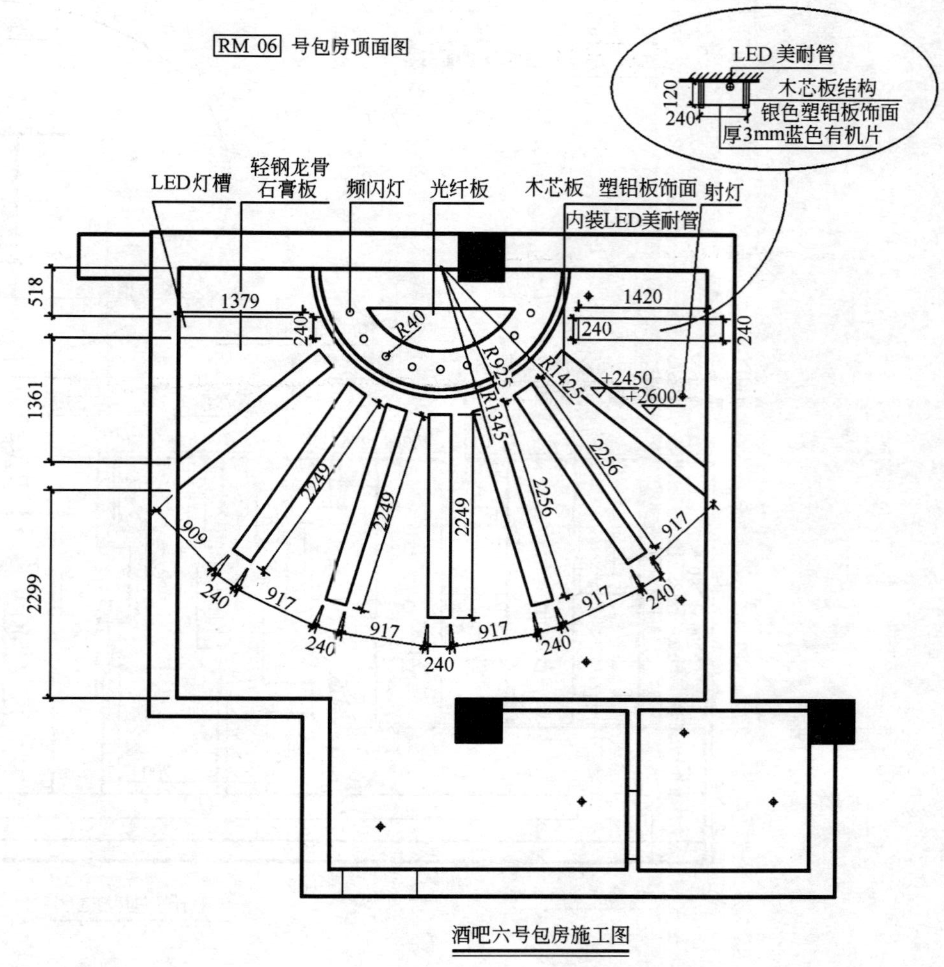

酒吧六号包房施工图

RM 06 号包房 A 立面图
墙纸饰面
14×40×14 木芯板条
不锈钢饰面
银镜饰面
木芯板结构
蓝色塑铝板饰面
银镜
1215
40
705
310
500
500
174
705
310
330
120
490
121
146
220
290
370
353
120
588
618
328
367
180
120
973
R70
291
300
1233
642
40
1013
642
120
1233
300
351
60
60
60
R70
234
180
1215
20
385
120
390
66
385
771
2400
5850
九厘板清漆墙角线

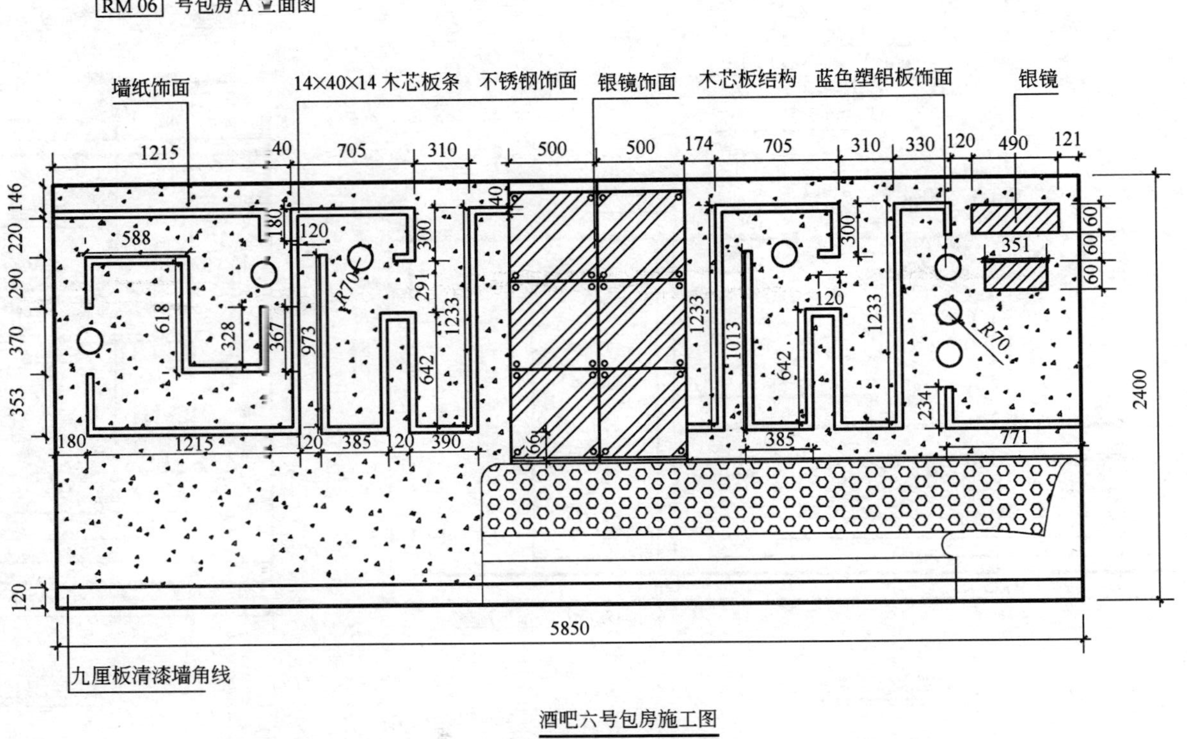

酒吧六号包房施工图

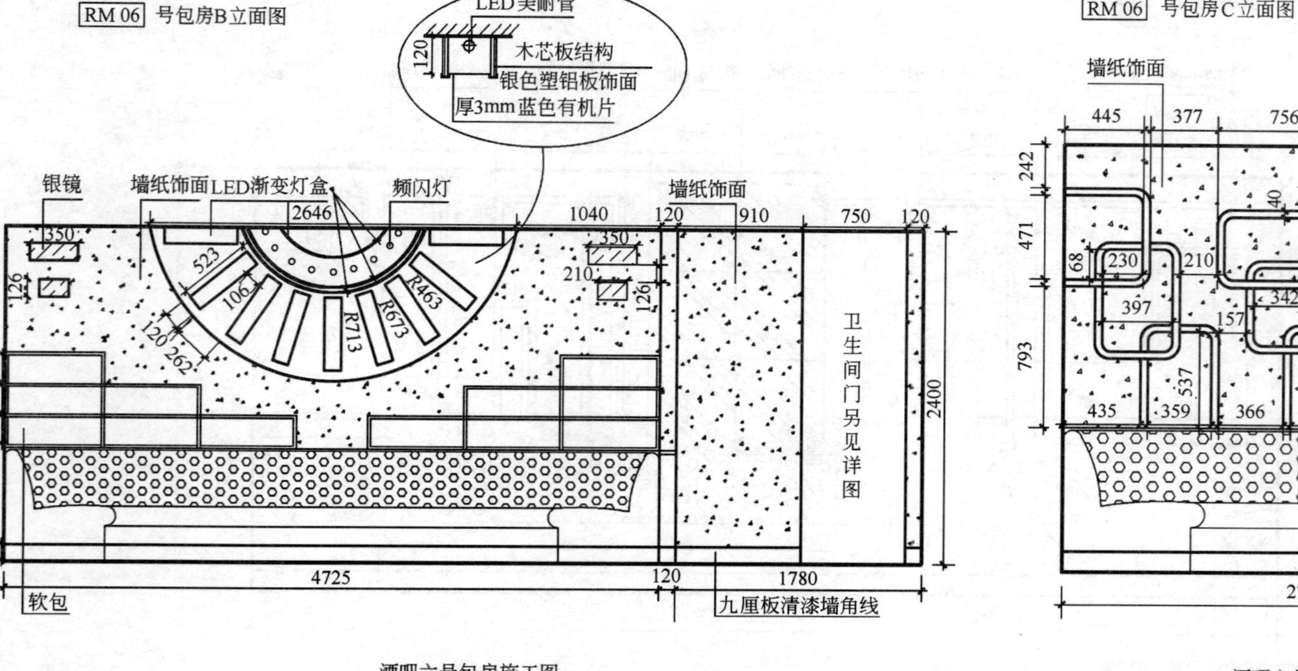

酒吧六号包房施工图

酒吧六号包房施工图

RM 06 号包房D立面图
金属墙纸
木芯板结构
塑铝板饰面
内装LED美耐管
墙纸饰面
768
475
106
379
3000
1725
348
351
806
342
40
109
352
264
332
180
241
214
61
217
428
226
74
38
435
549
486
305
367
文化墙另见详图
2280
120
1900
九厘板清漆墙角线
酒吧六号包房施工图

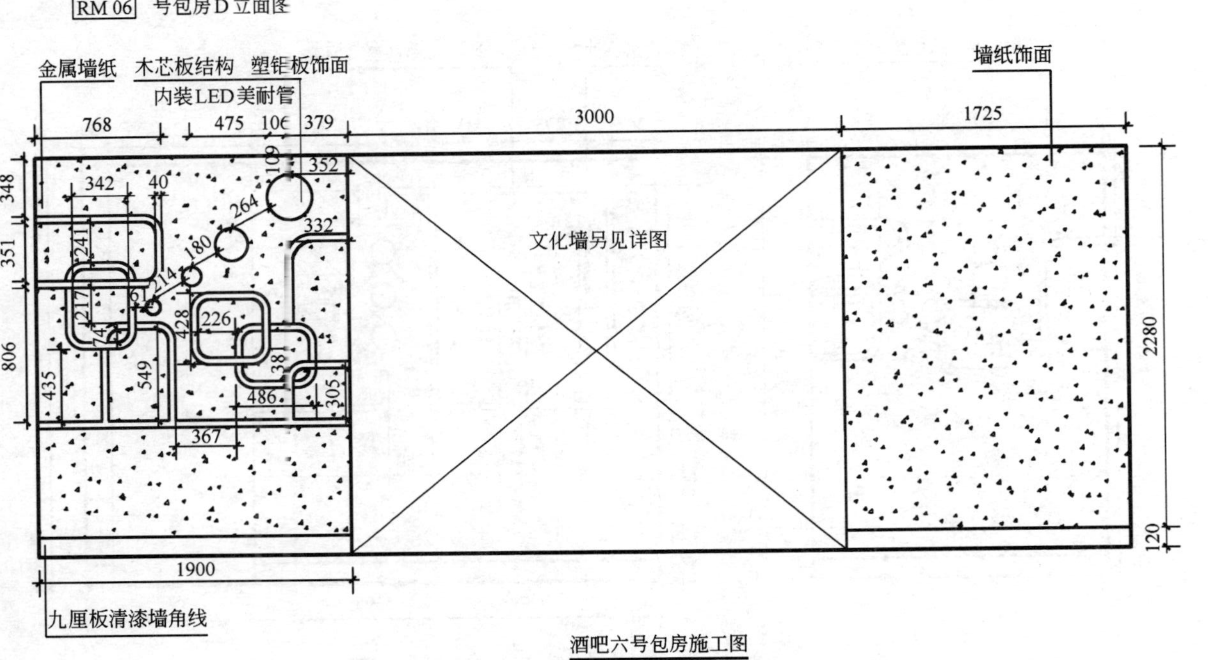

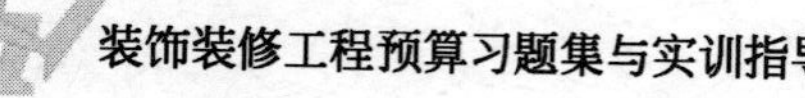

RM 06 号包房C-2、C-3 立面图

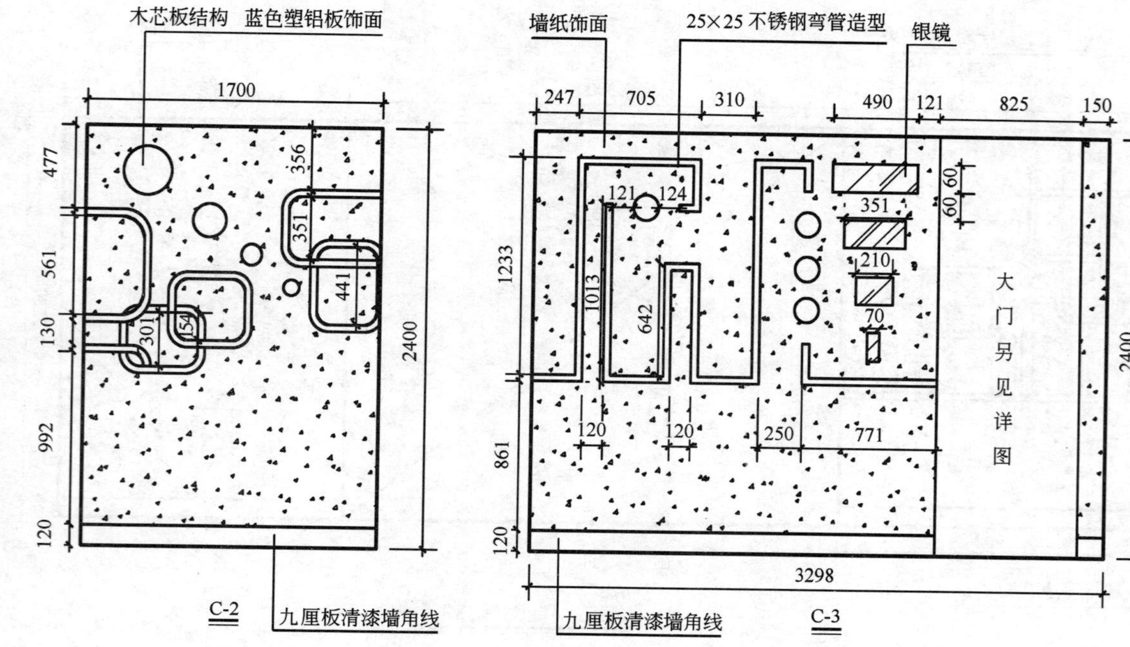

酒吧六号包房施工图

RM 07 号包房平面图
7911
2118
R1975
R294
R3325
839
491
600
1400
1400
839
491
1400
R3325
R294
4924
276
825
+0.00
+0.40
1112
3826
1600
800
发光
茶几
400
800
+0.00
790
1600
1112
6625
DJ
6400
600
3180
11700
酒吧七号包房施工图

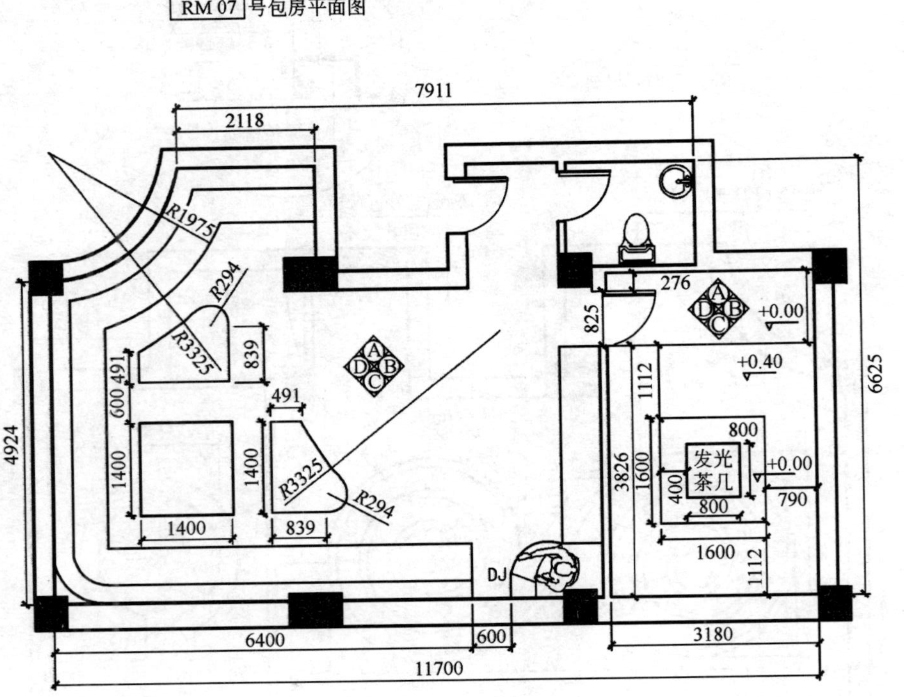

RM 07 号包房顶面图
九厘板灯槽造型
LED
美耐管灯带
120
60
30
96
九厘板槽内
白色乳胶漆
白色 LED 美耐管灯槽
轻钢龙骨石膏板
灰色乳胶漆
射灯
轻钢龙骨
石膏板
863
磨砂灯带
1292
+2.600
+2.450
120
330
3000
778
883
1163
778
6845
862

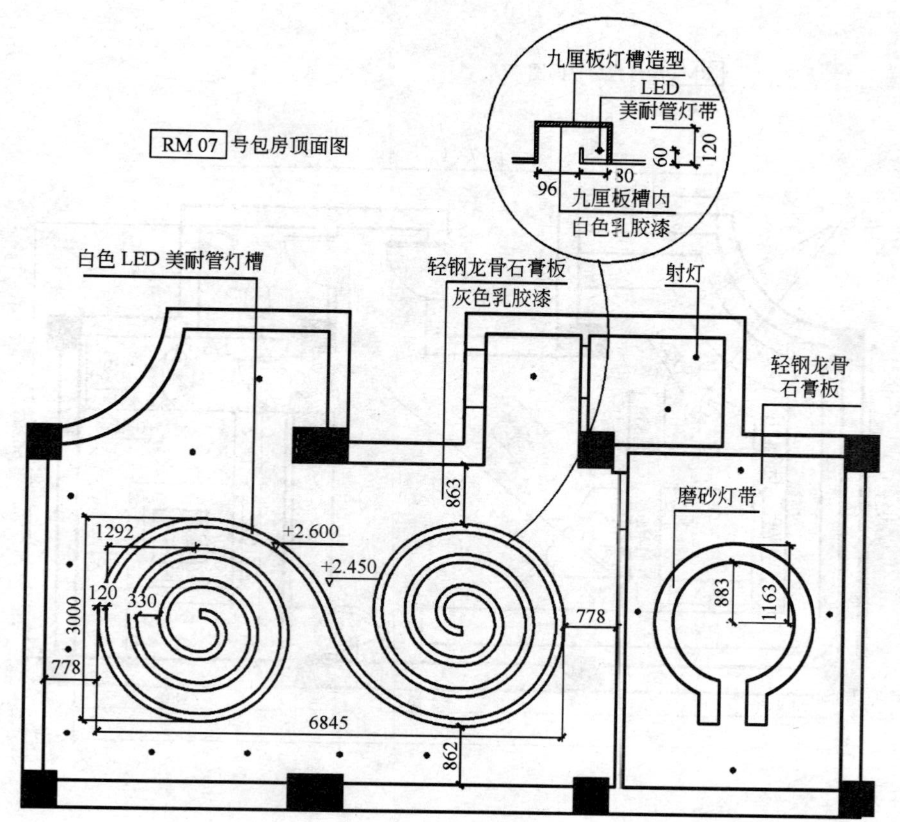

酒吧七号包房施工图

RM 07 号包房A立面图
LED 背光源 木芯板结构 银色塑铝板饰面
8K 板槽饰面
银镜磨砂图案玻璃
120
20
20
LED 跳动灯盒
软包
银镜
10×30×10, 九厘板
不锈钢槽饰面
九厘板底
银镜饰面
黑漆图案玻璃
内装 LED 背光源
墙纸饰面
280 238 238 238 238 238 170
80 80 80 80 80 80
45 45 45 45 45
500 500 500 500 1400 500
339
60
870
30
1500
264 264 264 264 264 294
R122 R147 R72
九厘板清漆墙角线
6318
120

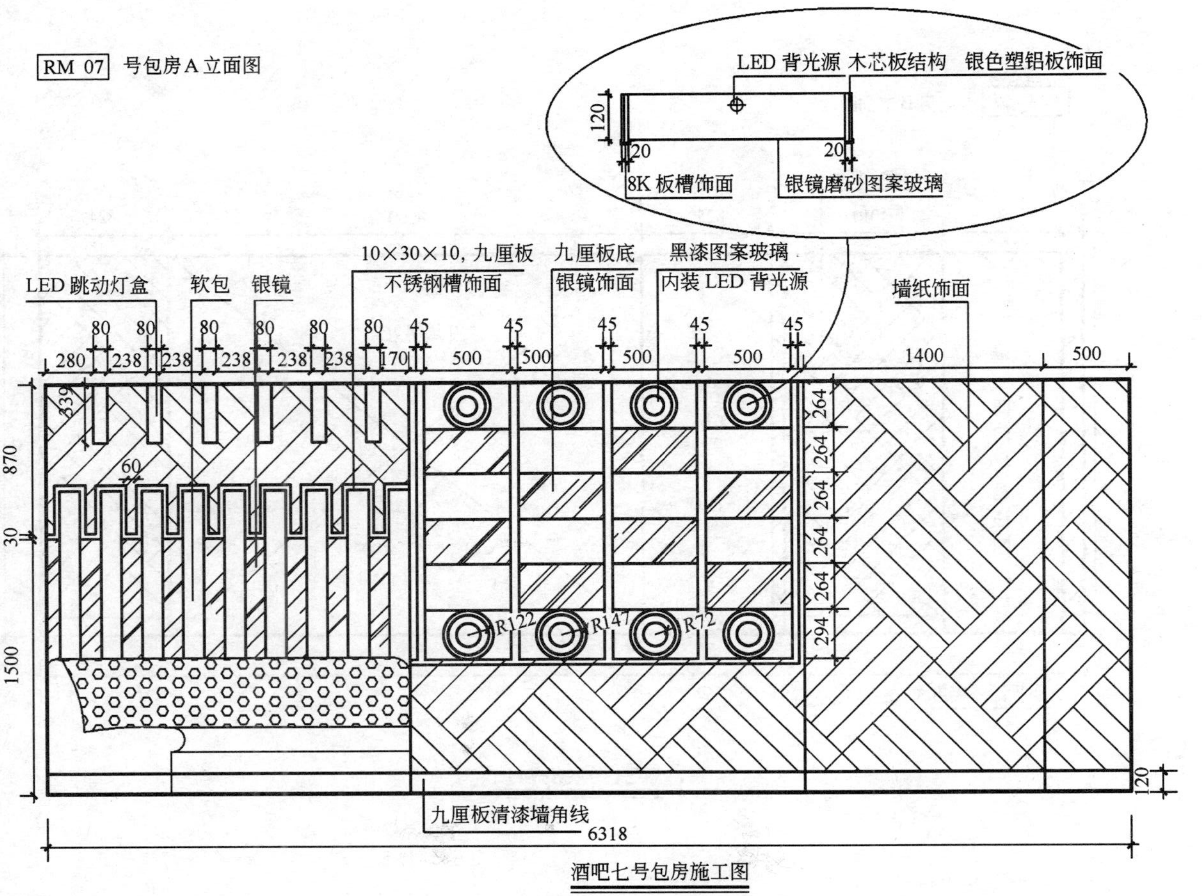

酒吧七号包房施工图

RM 07 号包房 B 立面图
墙纸饰面
140
750
1010
76
825
3000
824
卫生间门另见详图
大门另见详图
文化墙另见详图
2280
120
2400
6625
九厘板清漆墙角线

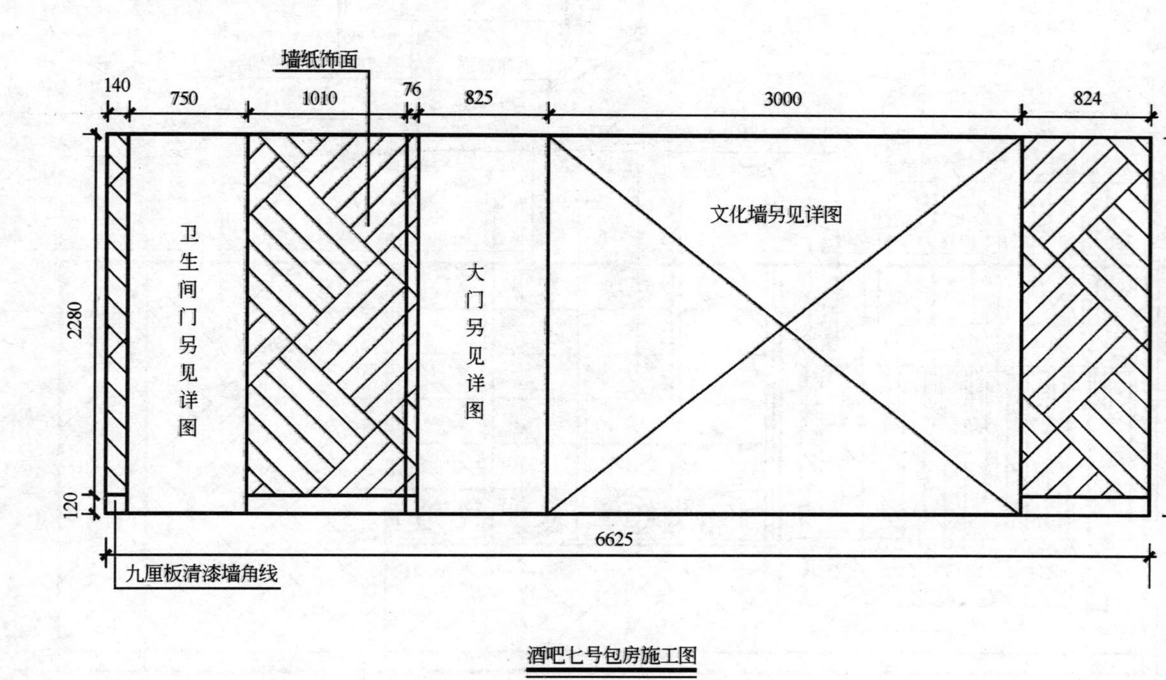

酒吧七号包房施工图

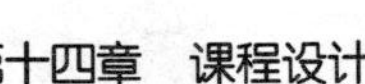

RM 07 号包房C立面图

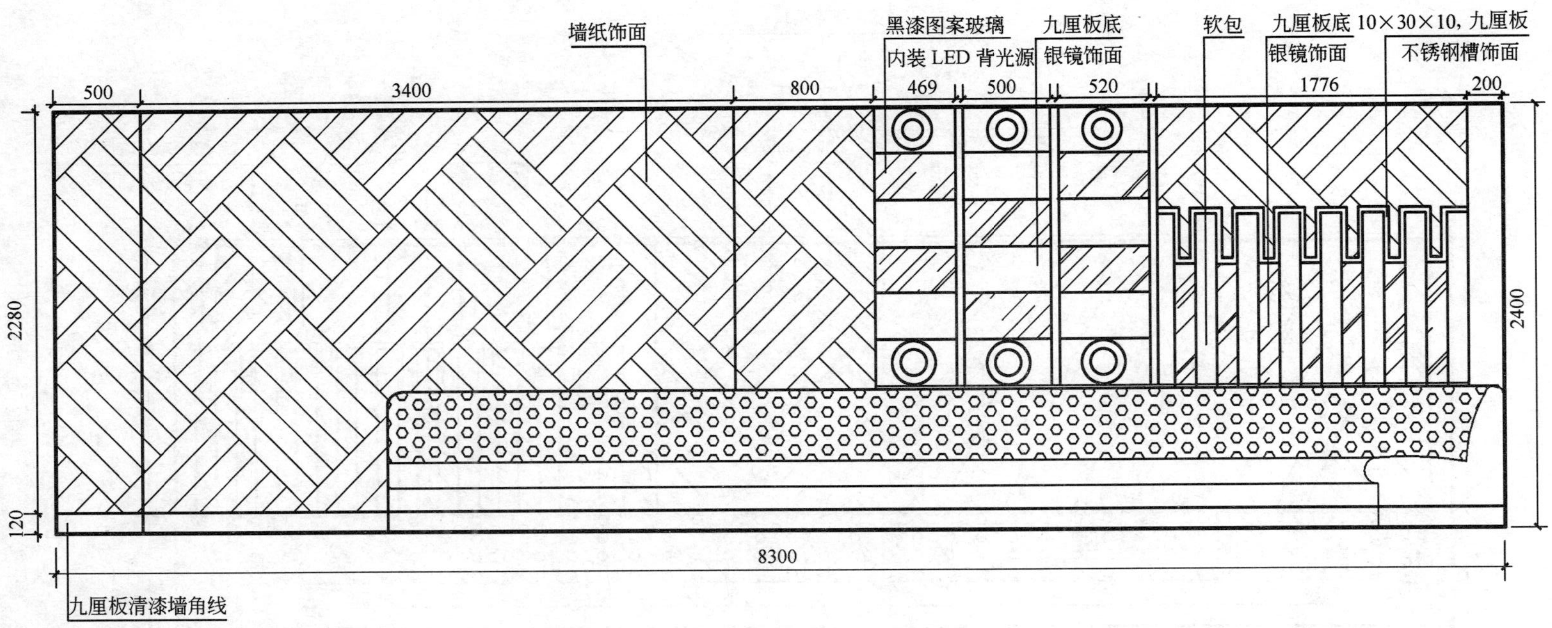

墙纸饰面
黑漆图案玻璃
内装 LED 背光源
九厘板底
银镜饰面
软包
九厘板底
银镜饰面
10×30×10, 九厘板
不锈钢槽饰面

500 3400 800 469 500 520 1776 200

2280
120
2400
8300

九厘板清漆墙角线

酒吧七号包房施工图

RM 07 号包房D立面图
100
木芯板红色塑铝板饰面
LED背光源
10×20×10
8K板槽饰面
木芯板结构 红色塑铝板饰面
内置绿色美耐管
软包
墙纸饰面
九厘板底
银镜饰面
软包
10×30×10，九厘板
不锈钢槽饰面
125
2271
2329
200
364
80
432
80
432
80
432
80
432
80
68
1024
860
703
551
393
235
83
709
850
1008
1163
1320
500
1583
815
585
985
800
7585

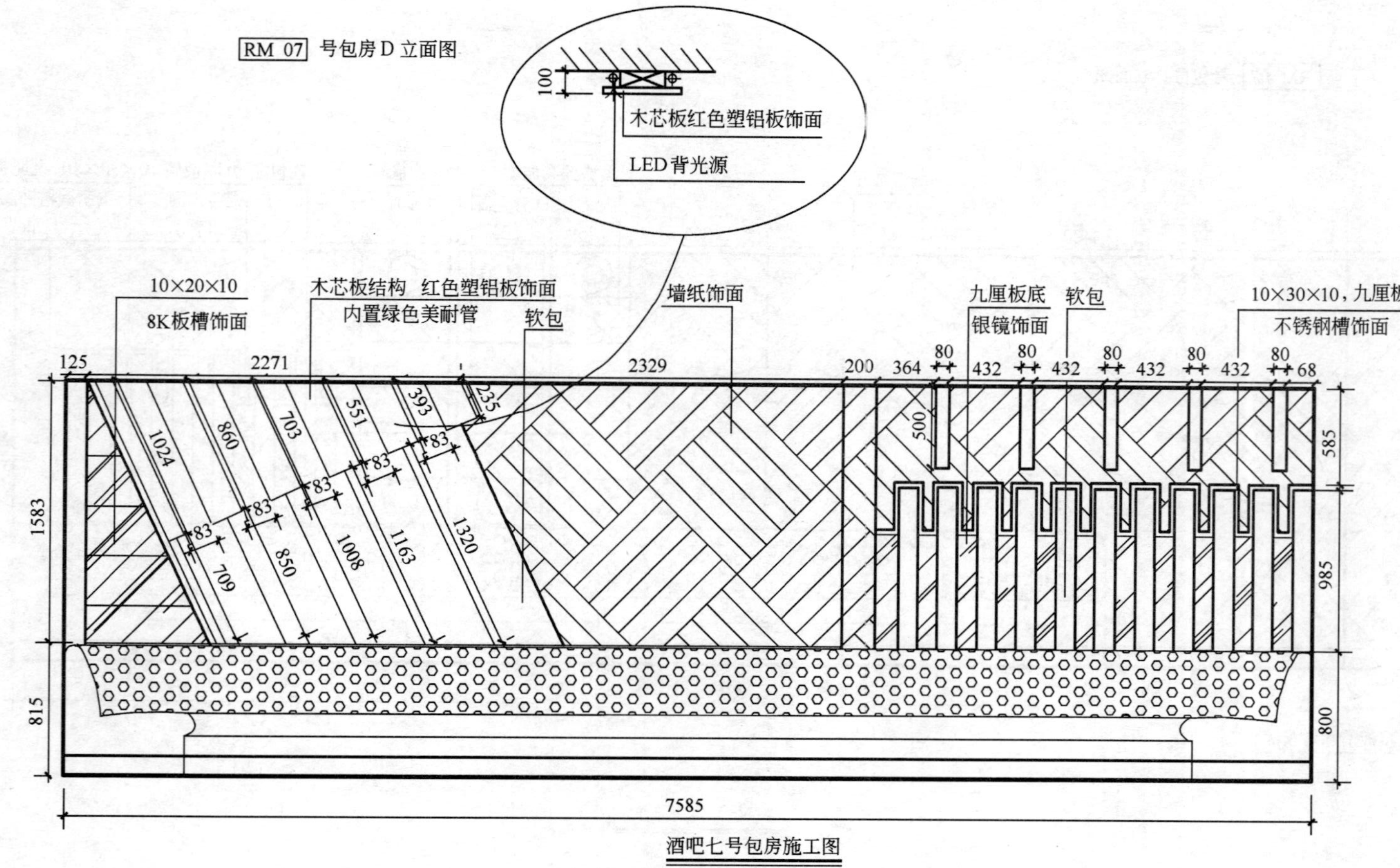

酒吧七号包房施工图

RM 07 号包房套房 A 立面图

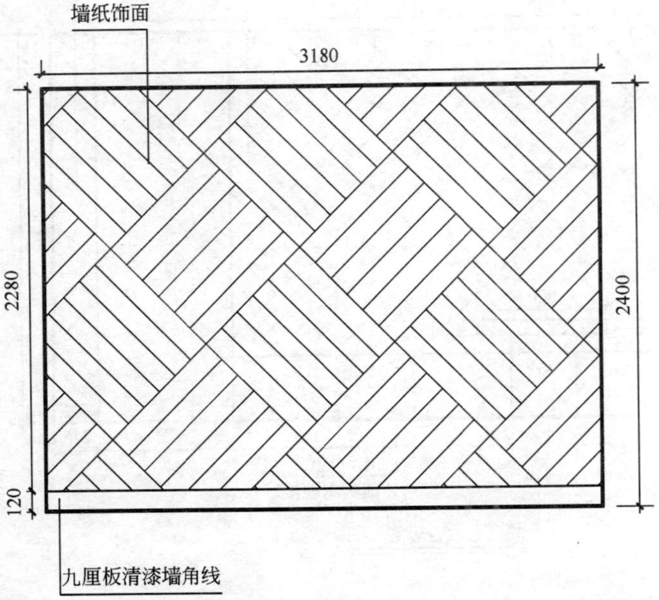

墙纸饰面
3180
2280
120
2400
九厘板清漆墙角线

酒吧七号包房施工图

RM 07 号包房套房 B 立面图

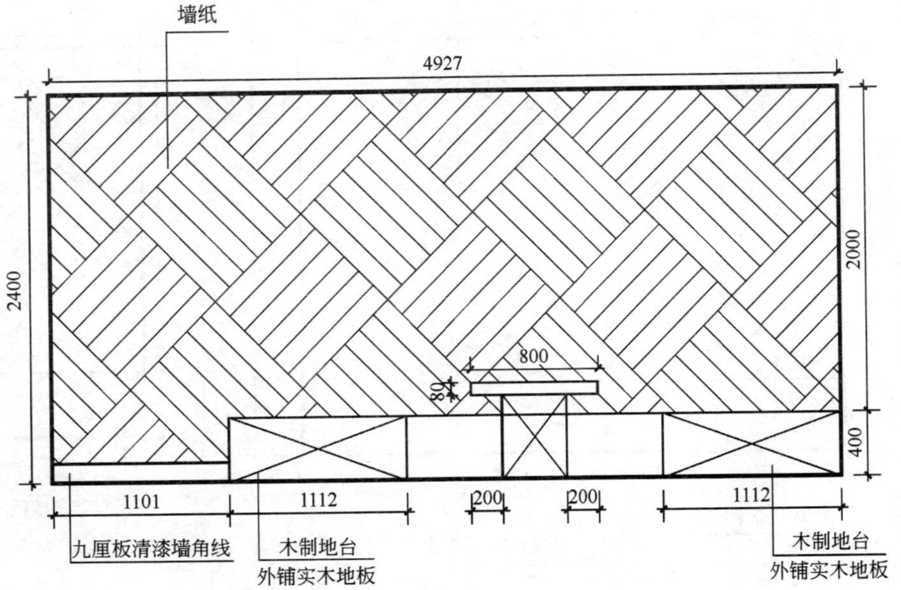

墙纸
4927
2400
2000
400
800
80
1101
1112
200
200
1112
九厘板清漆墙角线
木制地台
外铺实木地板
木制地台
外铺实木地板

酒吧七号包房施工图

酒吧七号包房施工图

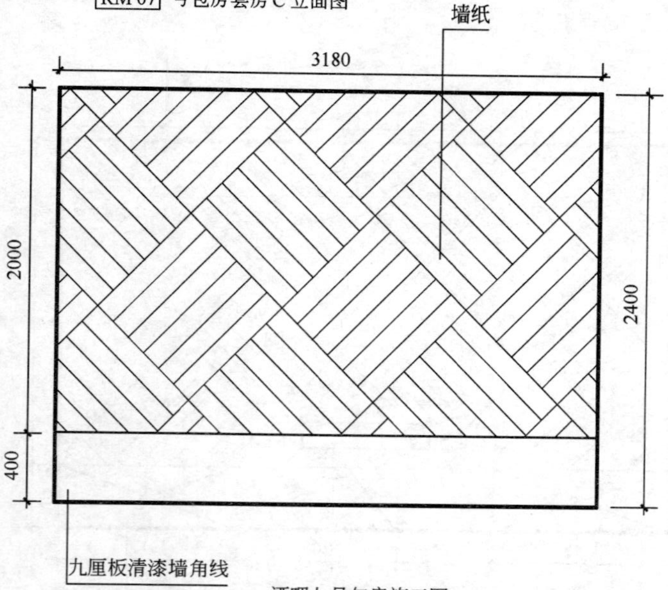

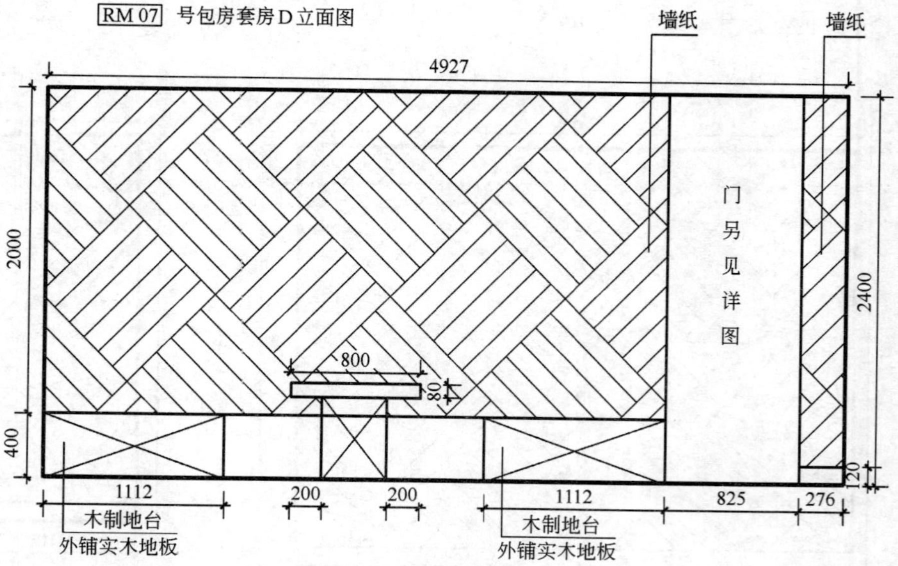

酒吧七号包房施工图

RM 08 号包房平面图
7300
3000
1400
DJ
A
B
C
D
850
500
650
495
1000
650
1000
4925
4925
2250
5700
7300

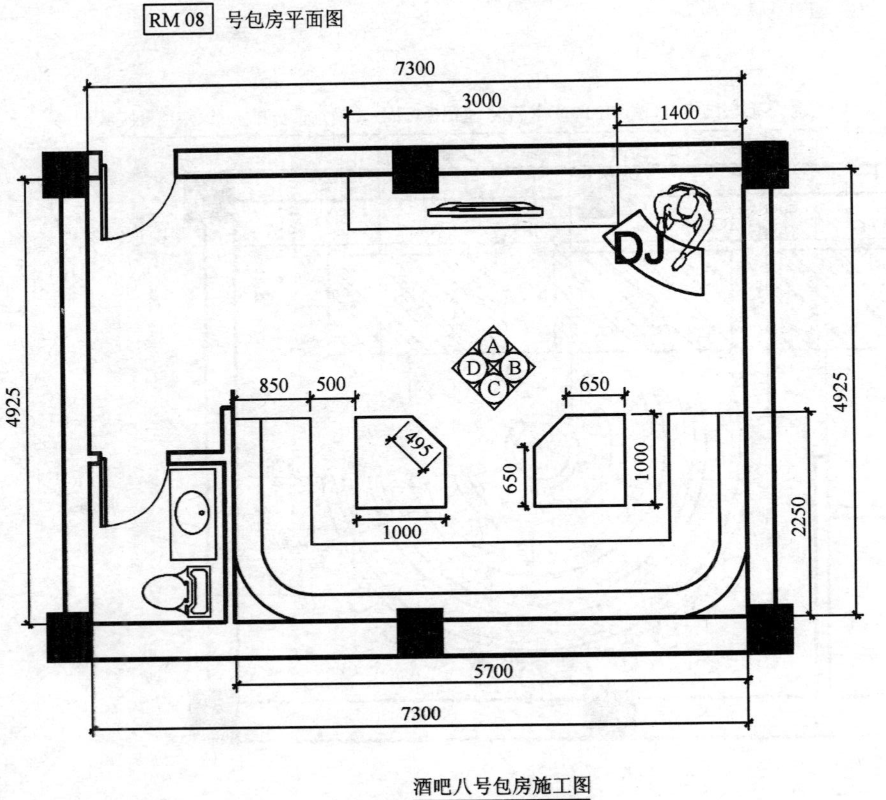

酒吧八号包房施工图

RM 08 号包房顶面图

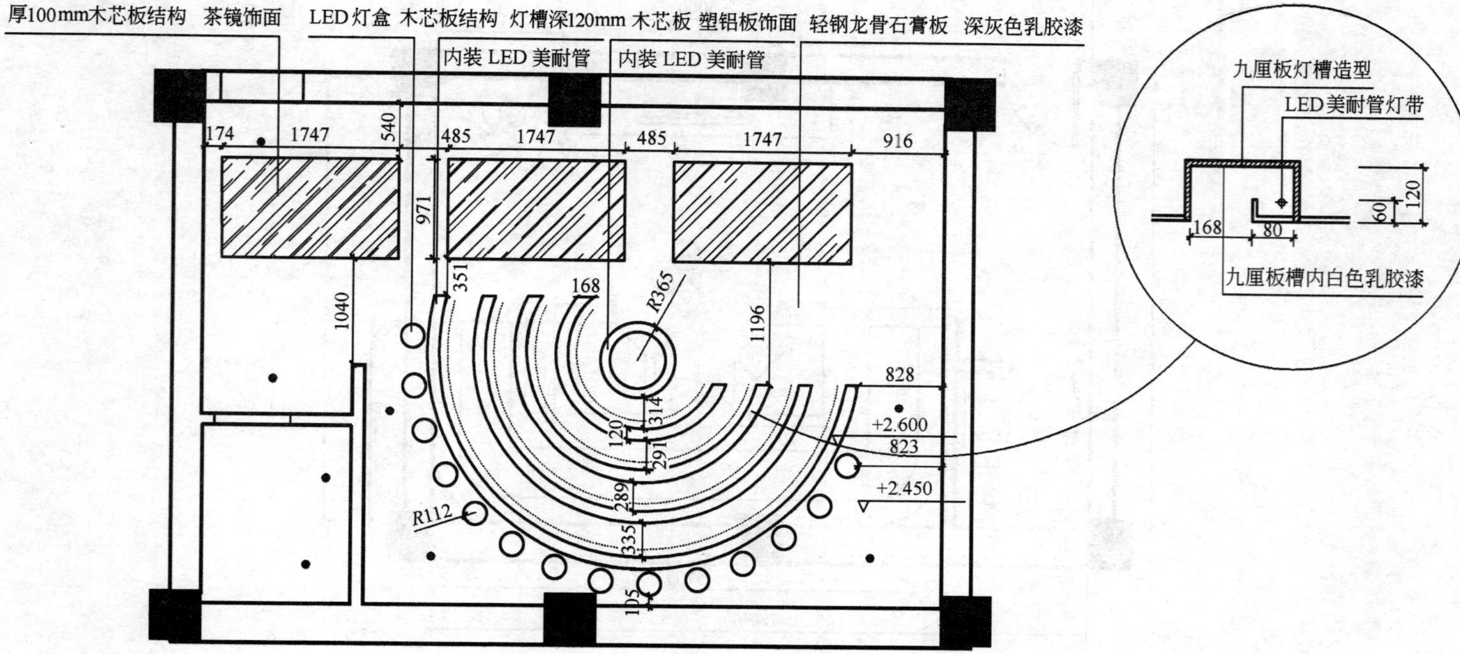

酒吧八号包房施工图

RM 08 号包房A立面图

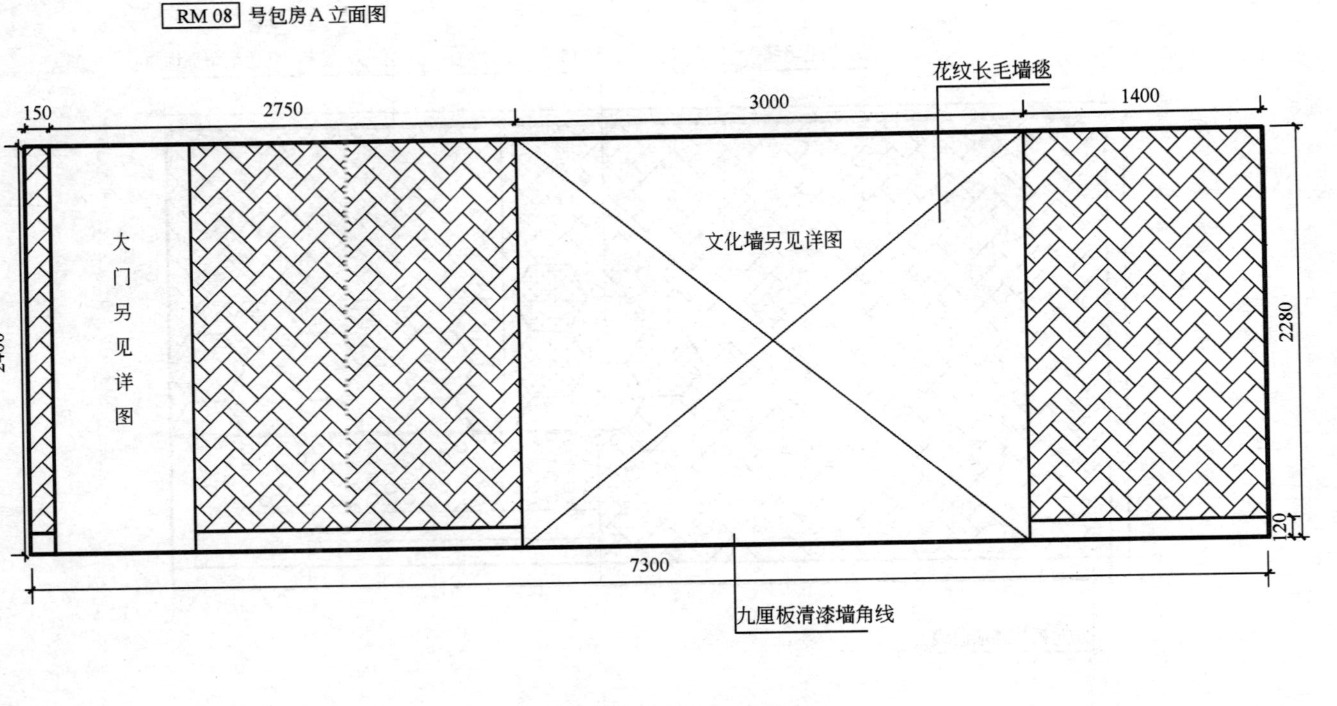

酒吧八号包房施工图

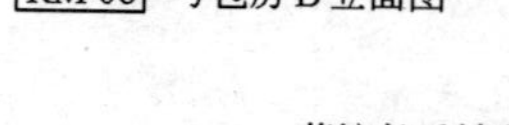

RM 08 号包房B立面图

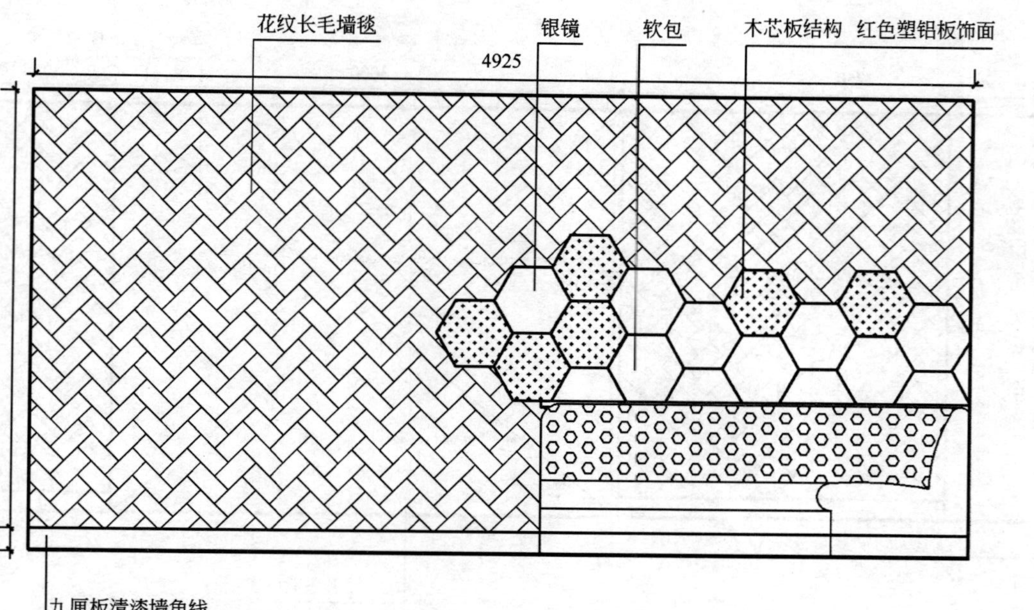

酒吧八号包房施工图

RM 08 号包房 C 立面图
LED背光源
120
木结构 银色拉丝塑铝板饰面
14
400
14
厚5mm白色亚克力灯箱
厚 5mm白色亚克力凸出墙面120mm
内置 LED 背光源
木芯板结构 红色塑铝板饰面
银镜饰面
软包
花纹长毛墙毯
3400
500
1800
120
610
750
120
2280
120
卫生间门另见详图
7300
九厘板清漆墙角线

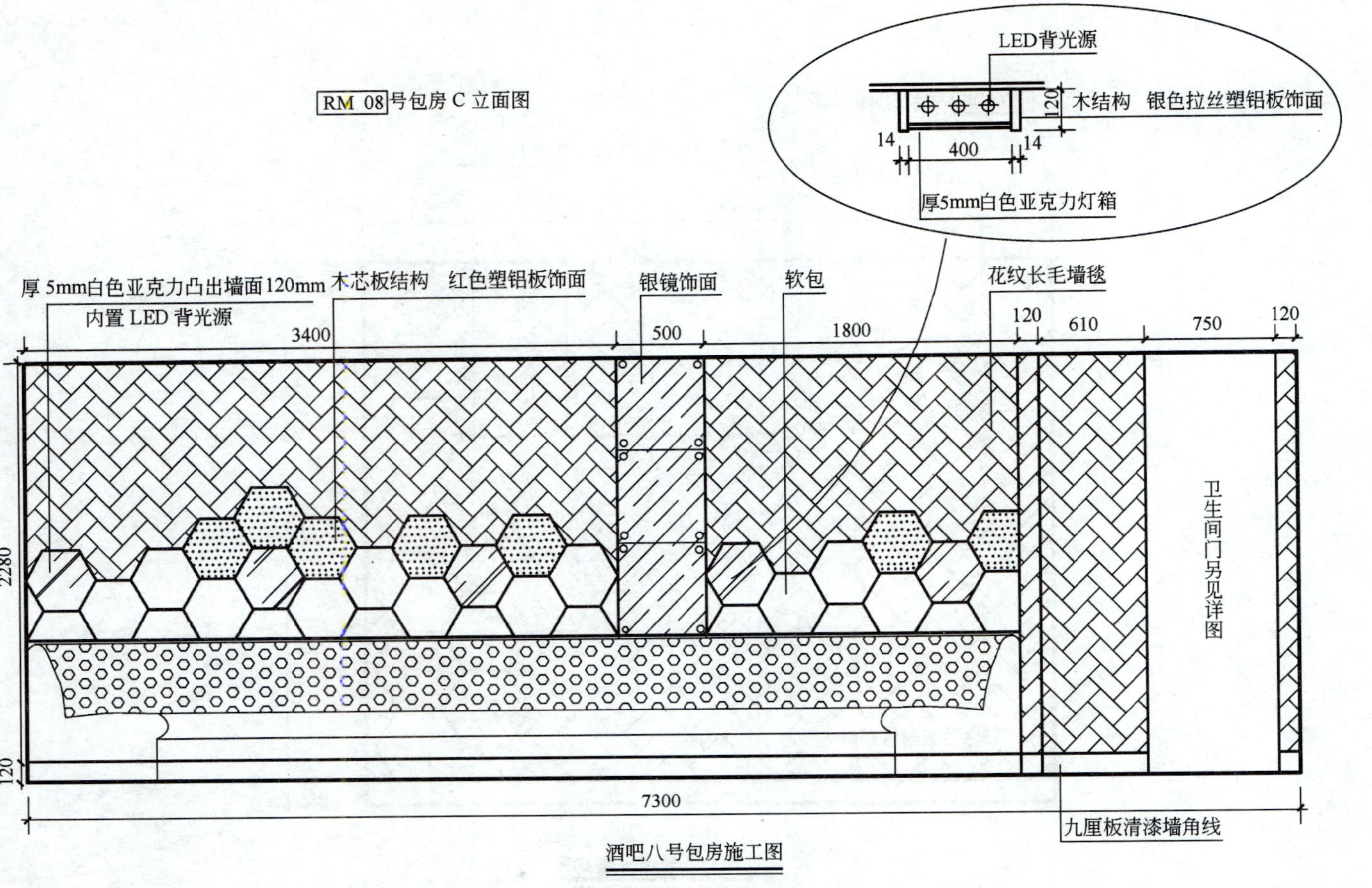

酒吧八号包房施工图

RM 08 号包房D立面图
木芯板结构 红色铝塑板墙面
花纹长毛墙毯
银镜
软包
3045
2208
120
木芯板清漆踢脚线

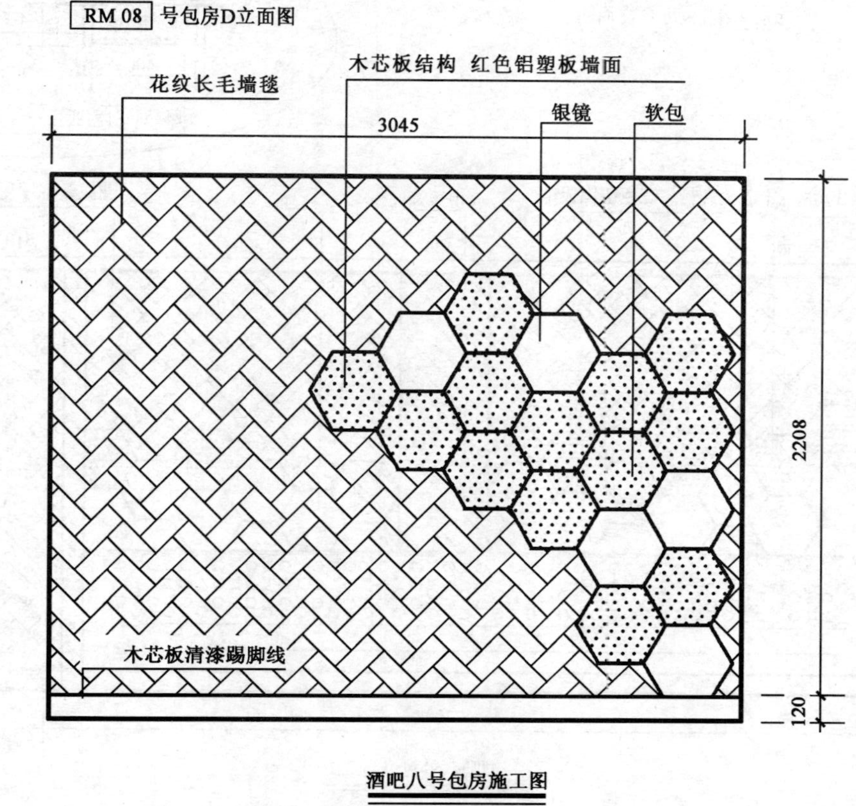

酒吧八号包房施工图

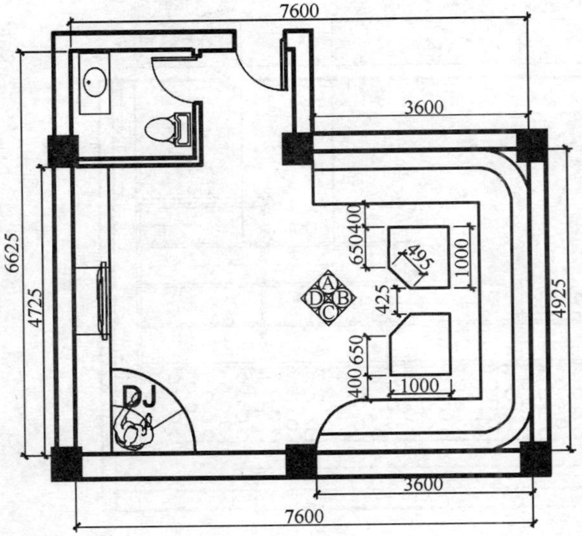

酒吧九号包房施工图

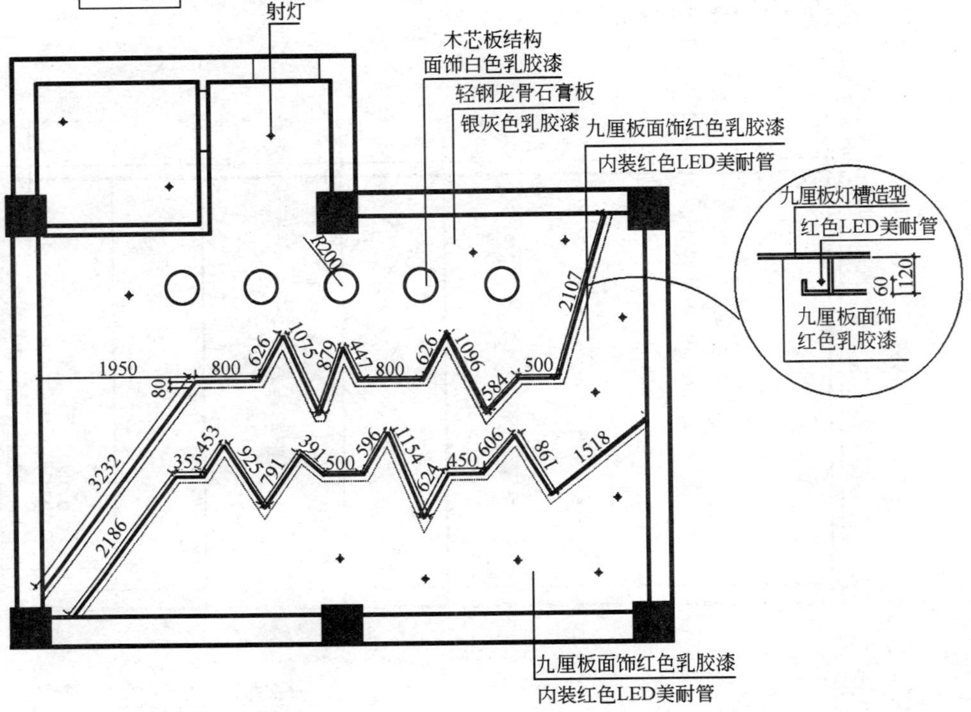

酒吧九号包房施工图

RM 09 号包房A立面图
金属墙纸
金属墙纸
10×20×10，8K板槽饰面
木芯板基础
仿真皮软包面
2150
575
775
500
3400
2280
120
大门另见详图
685
715
220
220
220
695
240

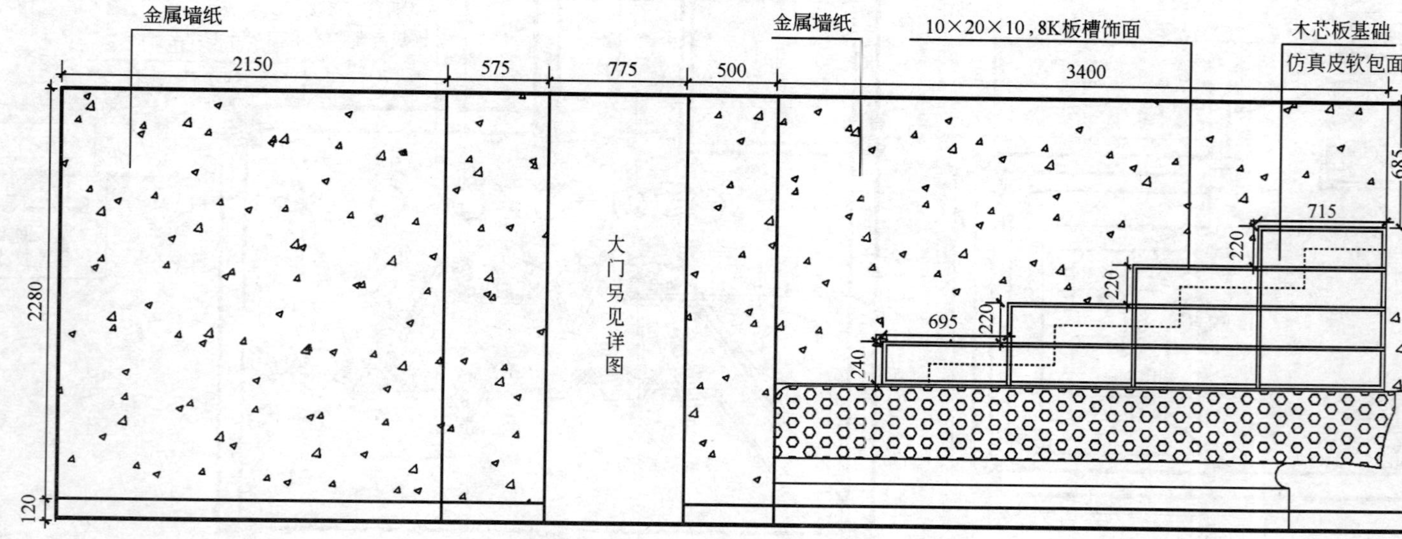

酒吧九号包房施工图

RM 09　号包房B立面图

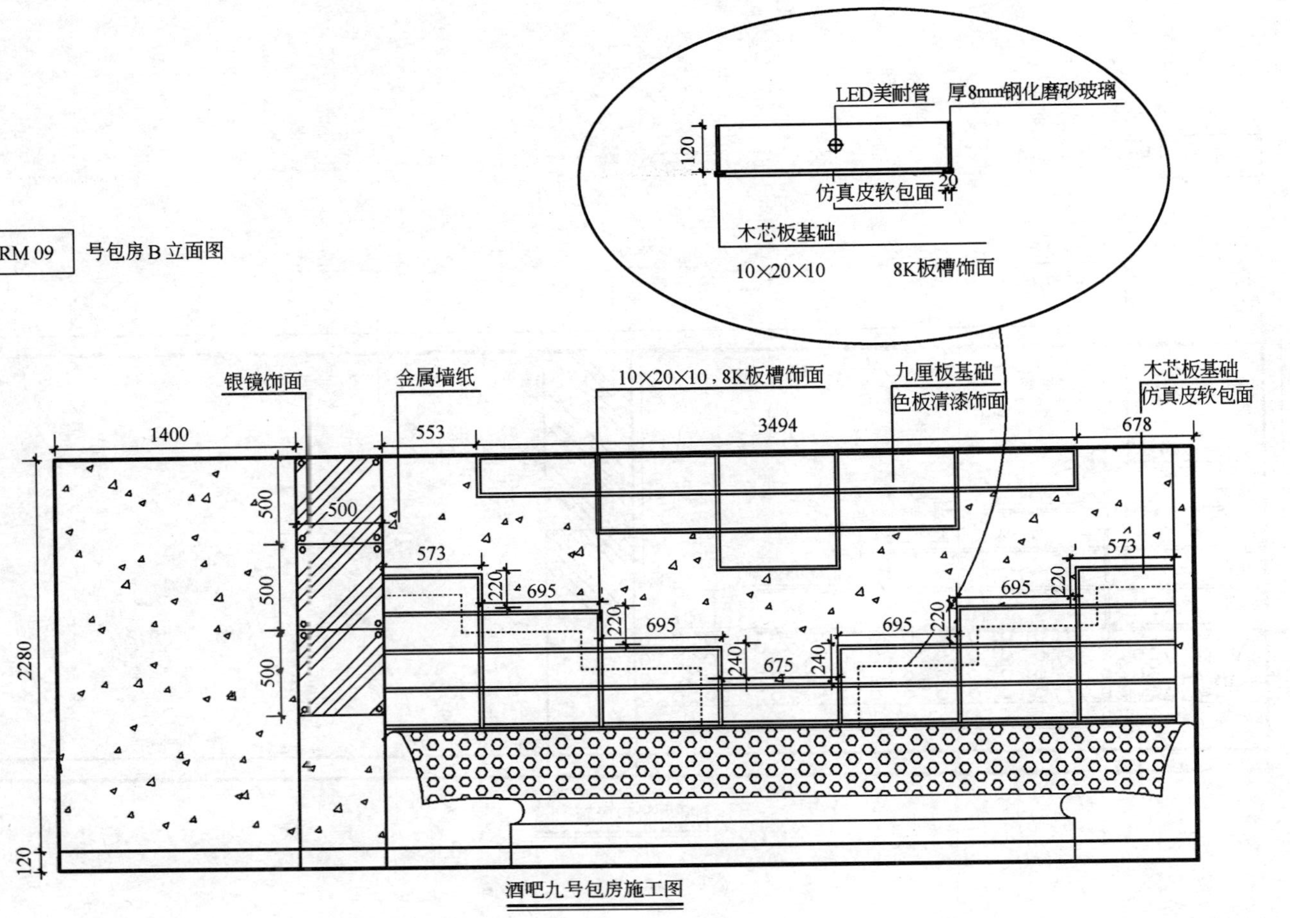

酒吧九号包房施工图

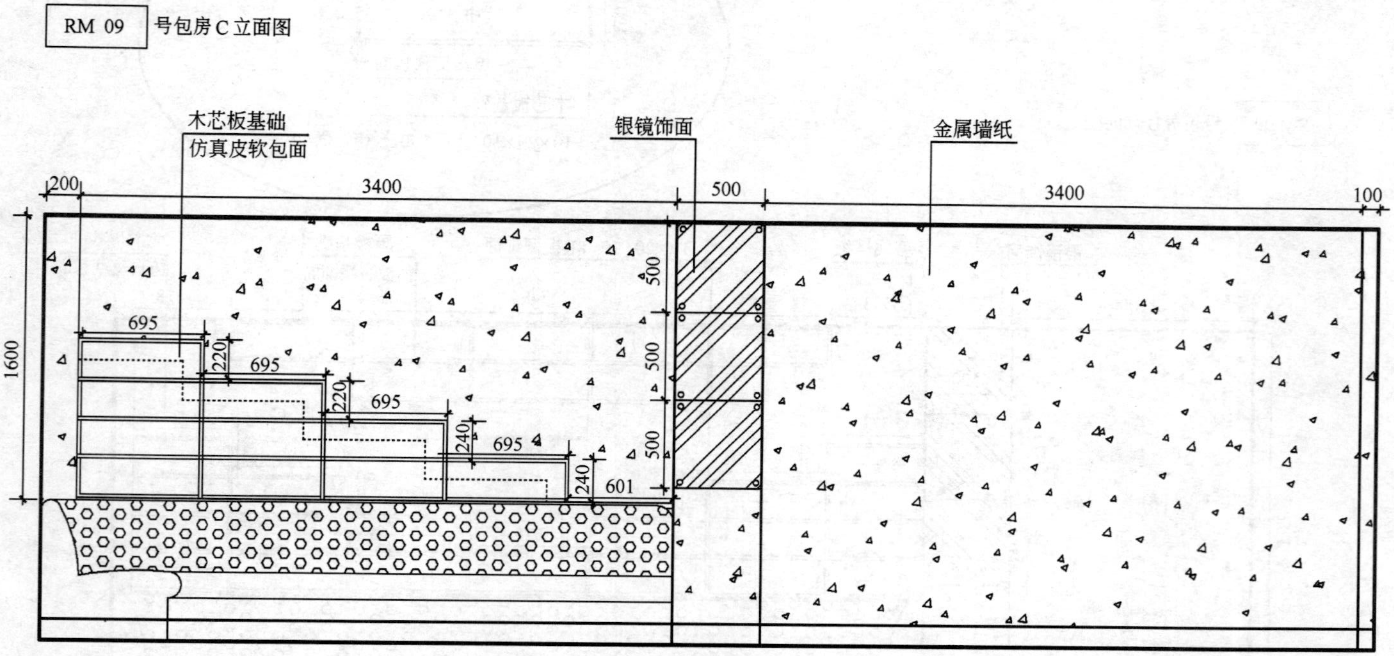

RM 09 号包房C立面图

木芯板基础
仿真皮软包面

银镜饰面

金属墙纸

200 3400 500 3400 100

1600

695 220 695 220 695 240 695 240 601

500 500 500

酒吧九号包房施工图

RM 09 号包房D立面图

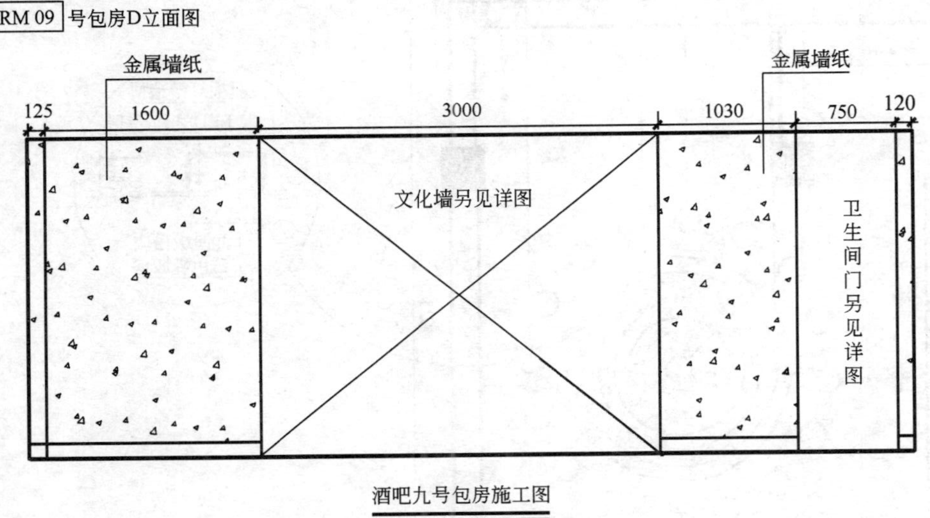

酒吧九号包房施工图

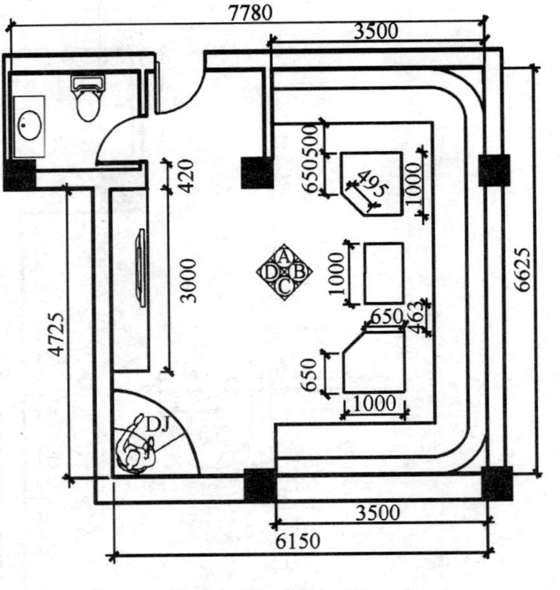

酒吧十号包房施工图

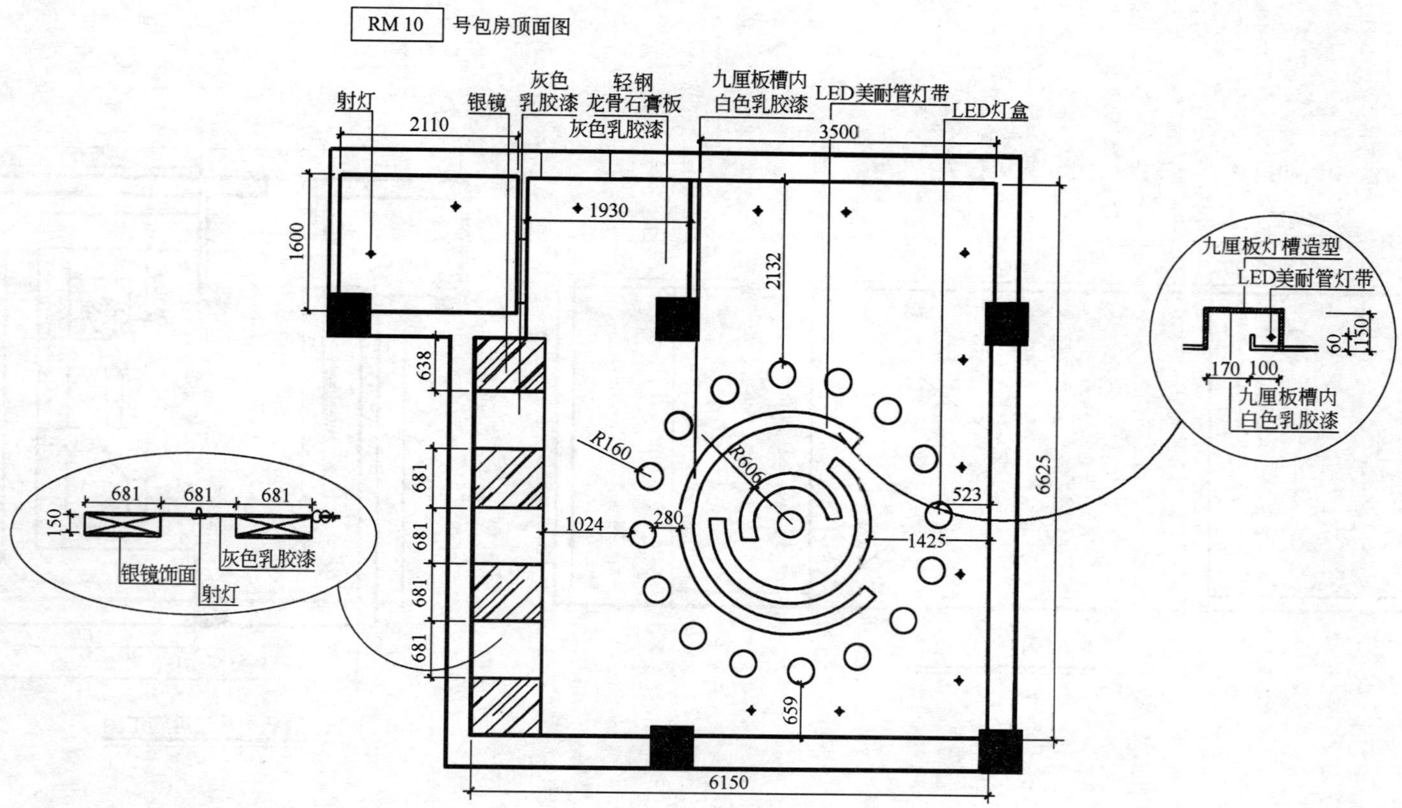
RM 10
号包房顶面图
射灯
银镜
灰色
乳胶漆
轻钢
龙骨石膏板
灰色乳胶漆
九厘板槽内
白色乳胶漆
LED美耐管灯带
LED灯盒
2110
3500
1600
1930
2132
638
681
681
681
681
R160
R606
280
1024
1425
523
659
6625
6150
681
681
681
150
银镜饰面
射灯
灰色乳胶漆
九厘板灯槽造型
LED美耐管灯带
60
150
170
100
九厘板槽内
白色乳胶漆

酒吧十号包房施工图

RM 10 号包房A立面图
LED背光源
120
8
979
8K板压槽
厚10mm银镜双夹图案玻璃
LED美耐管
红蓝跳变
120
80
厚3mm白色亚克力板
九厘板银色塑铝板
塑料金色压条
LED灯盒
墙纸
墙纸
墙纸
6150
979
489
489
124
R80
272
237
197
门另见详图
30
665
120
600
150
825
955
120
3500
墙面银色乳胶漆
墙脚线九厘板清漆
8K板压槽

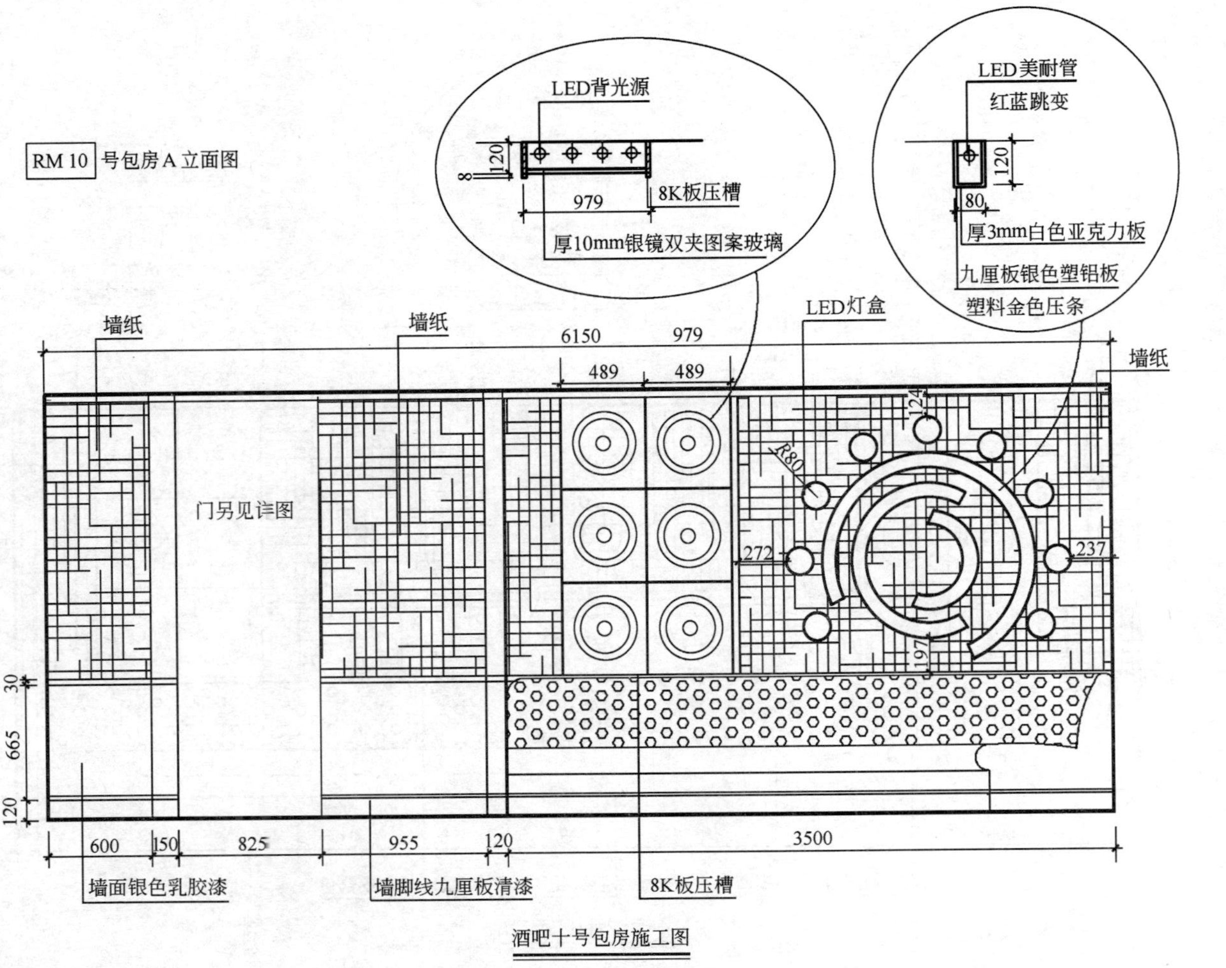

酒吧十号包房施工图

RM 10 号包房B 立面图
LED美耐管
木芯板基层
30×40木枋
130
130
厚3mm 白色亚克力板
九厘板银色塑铝板
塑料金色压条
LED背光源
8
20
979
8K板压槽
厚10mm 银镜双夹
图案玻璃
墙纸
8K板压槽
凸面墙纸
LED灯盒
8K板压槽
墙纸
588
532
489
262
352
120
352
352
352
352
352
262
40
492
489
260
480
700
920
40
300
300
300
300
300
300
300
300
300
300
300
173
1585
30
665
120
1344
1609
3473
1338
125
8K板压槽
墙面银色乳胶漆
墙脚线九厘板清漆
仿真皮软包
酒吧十号包房施工图

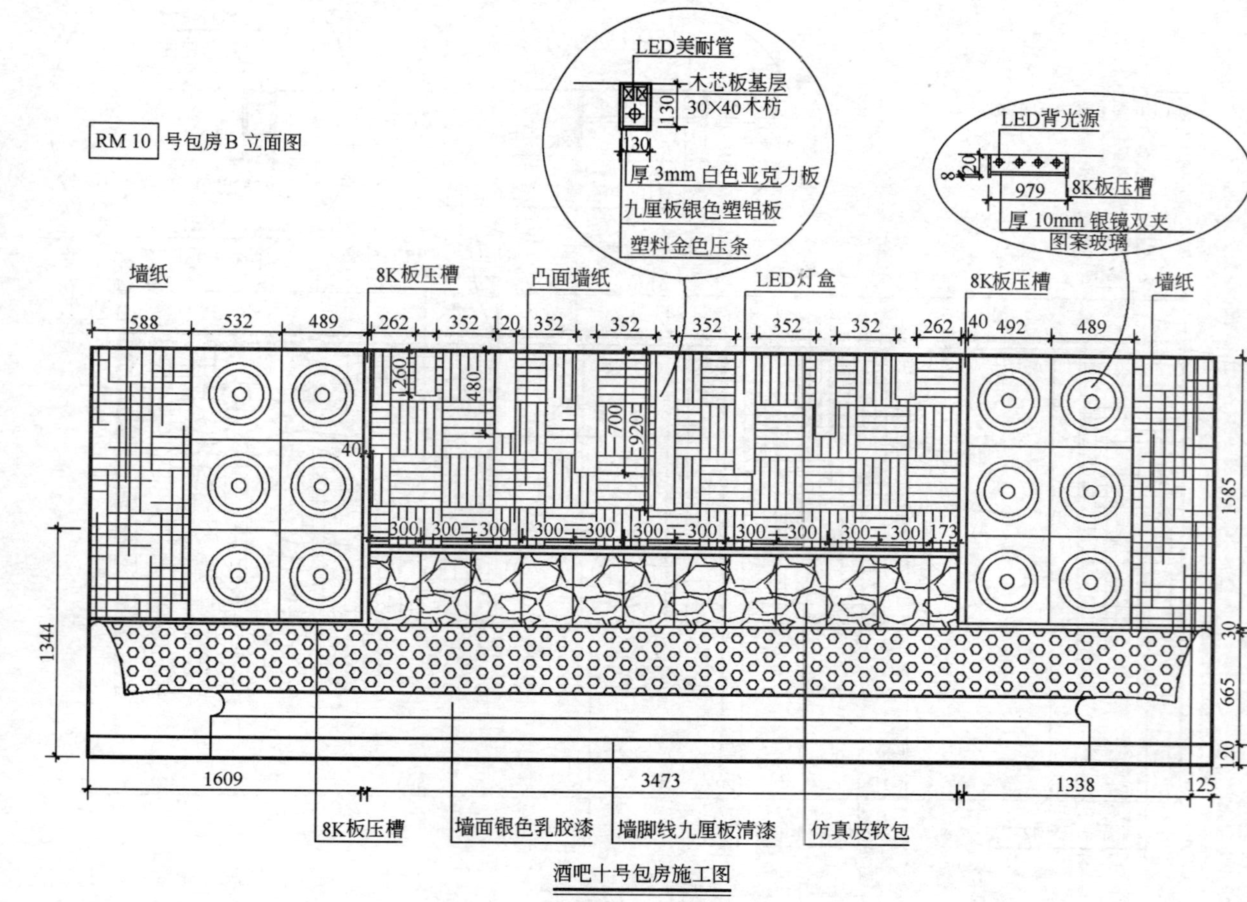

RM 10 号包房C立面图
LED美耐管
红蓝跳变
120
80
厚3mm白色亚克力板
九厘板银色塑铝板
塑料金色压条
墙纸
LED灯盒
LED灯盒
银镜
15×20×15,
8K板槽
九厘板基础
银镜
九厘板基础
黑镜
6150
50
20
120
R80
80
52
350
2280
120
3500
500
2150
8K板压槽
九厘板色板清漆
墙脚线九厘板清漆

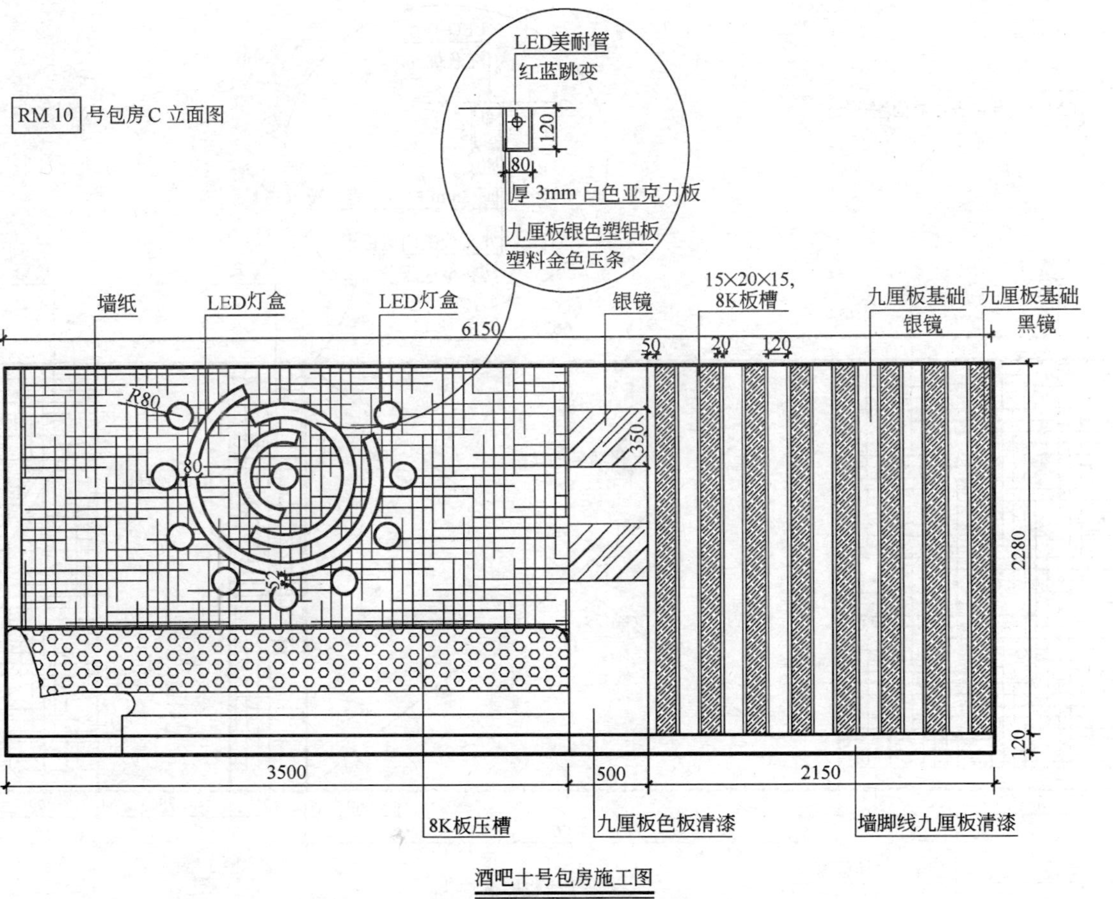

酒吧十号包房施工图

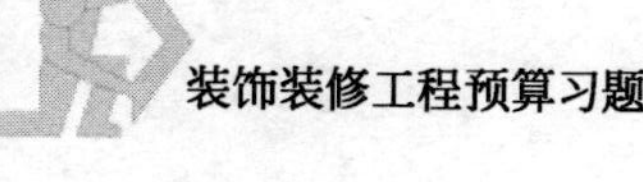

RM 10 号包房D立面图

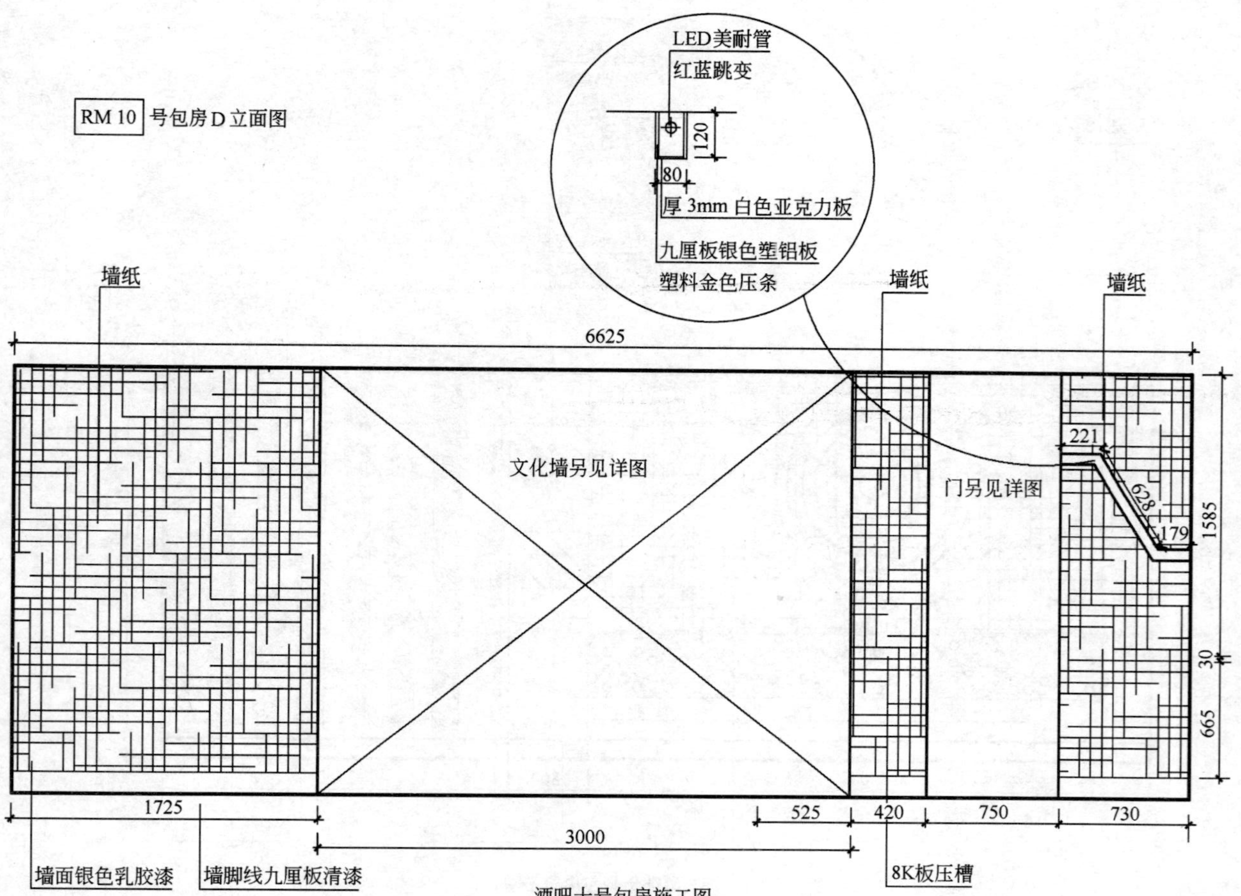

酒吧十号包房施工图

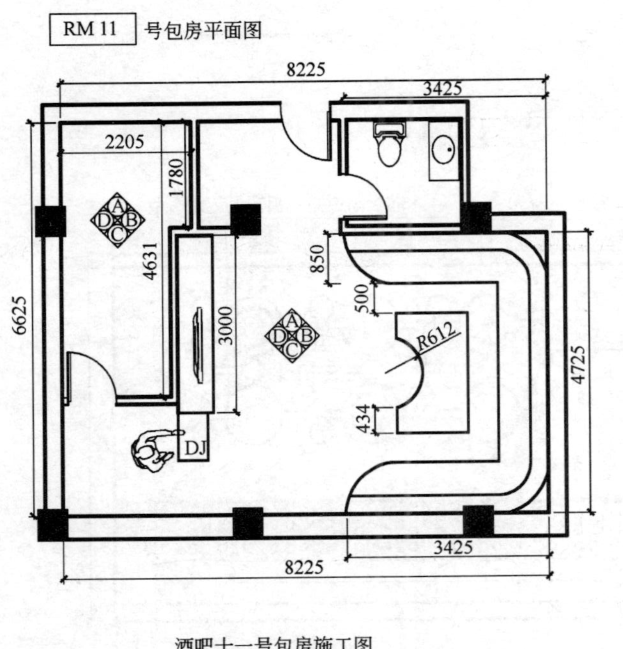

酒吧十一号包房施工图

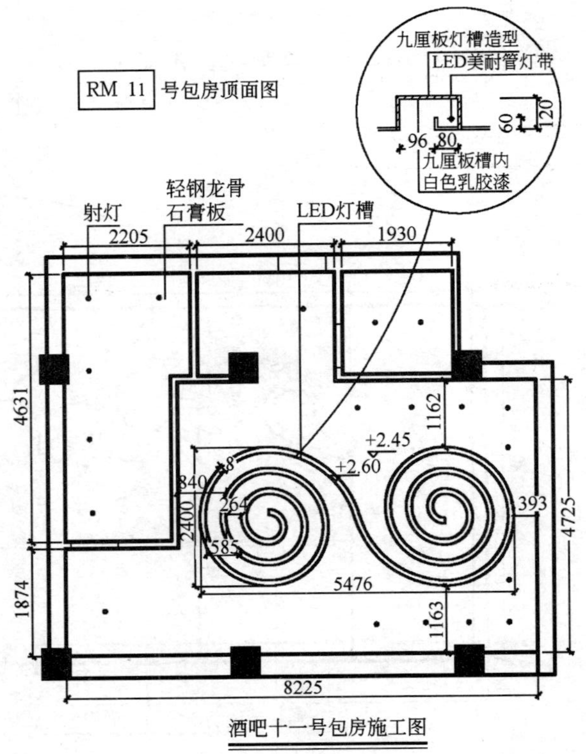

酒吧十一号包房施工图

RM11 号包房 A 立面图
LED 背光源
木芯板造型
银色浑水漆
200
30
120
140
厚 3mm
红色亚克力
金属墙纸
红色亚克力 LED 灯盒
14 木芯板面饰橙色铝塑板艺术造型
95
825
1044
1412
375
825
150
3499
大门另见详图
大门另见详图
R200
R140
677
454
151
69
313
60
15
164
310
377
564
204
2280
120
2400
8225
九厘板清漆墙角线
墙面银色乳胶漆

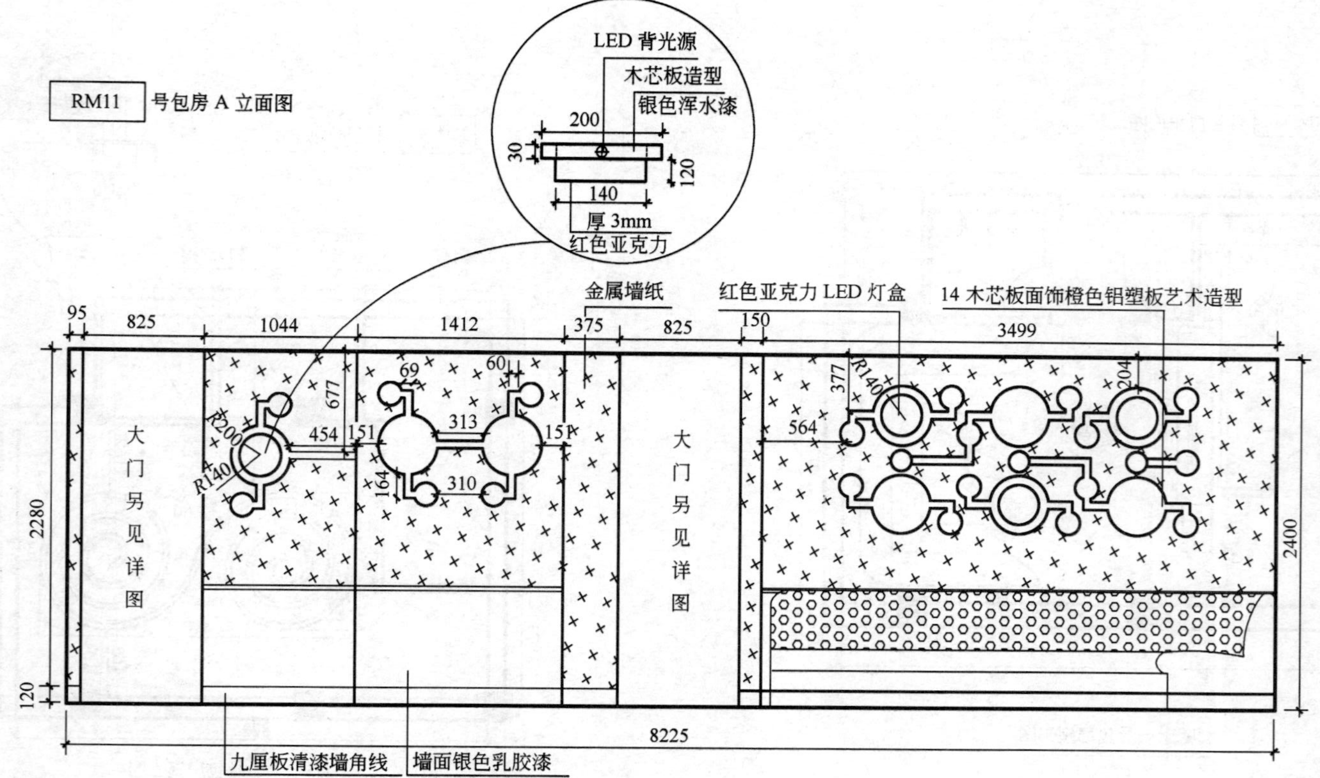

酒吧十一号包房施工图

RM 11 号包房 B 立面图

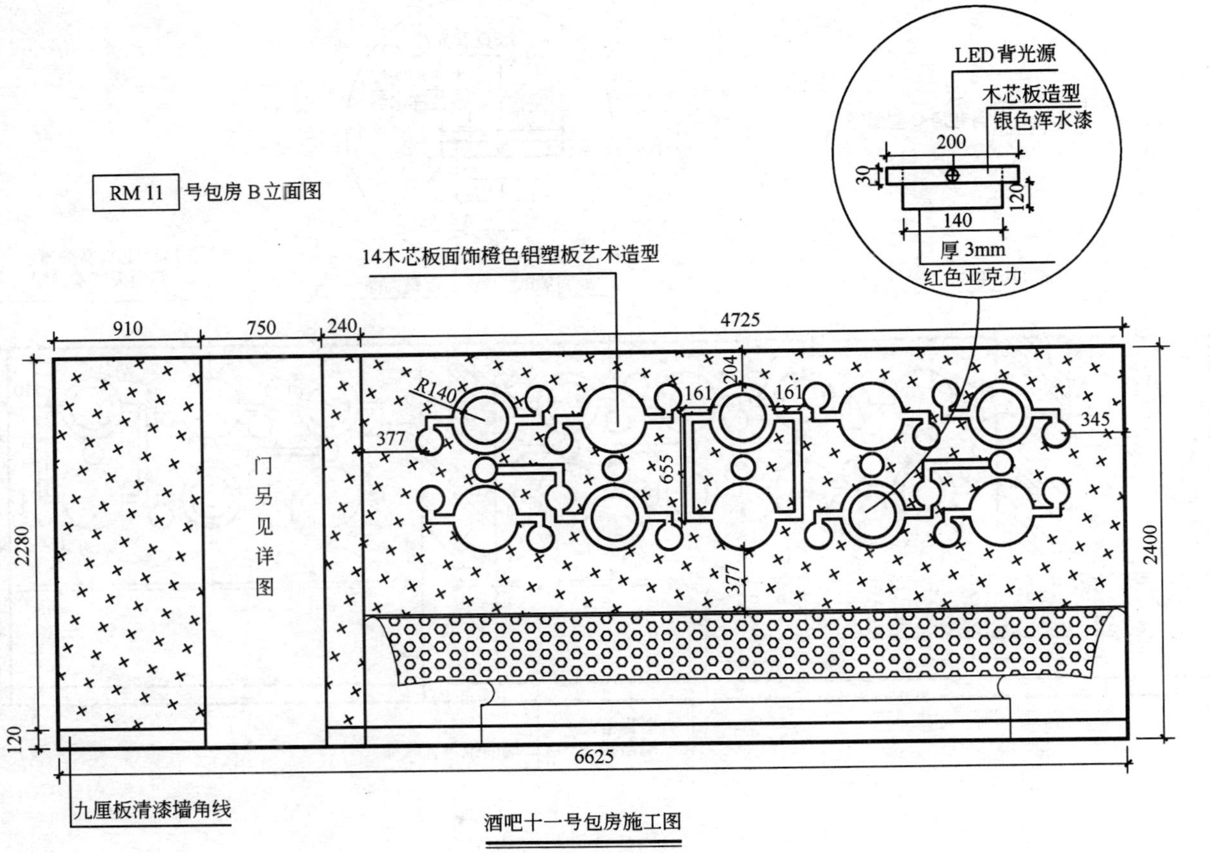

酒吧十一号包房施工图

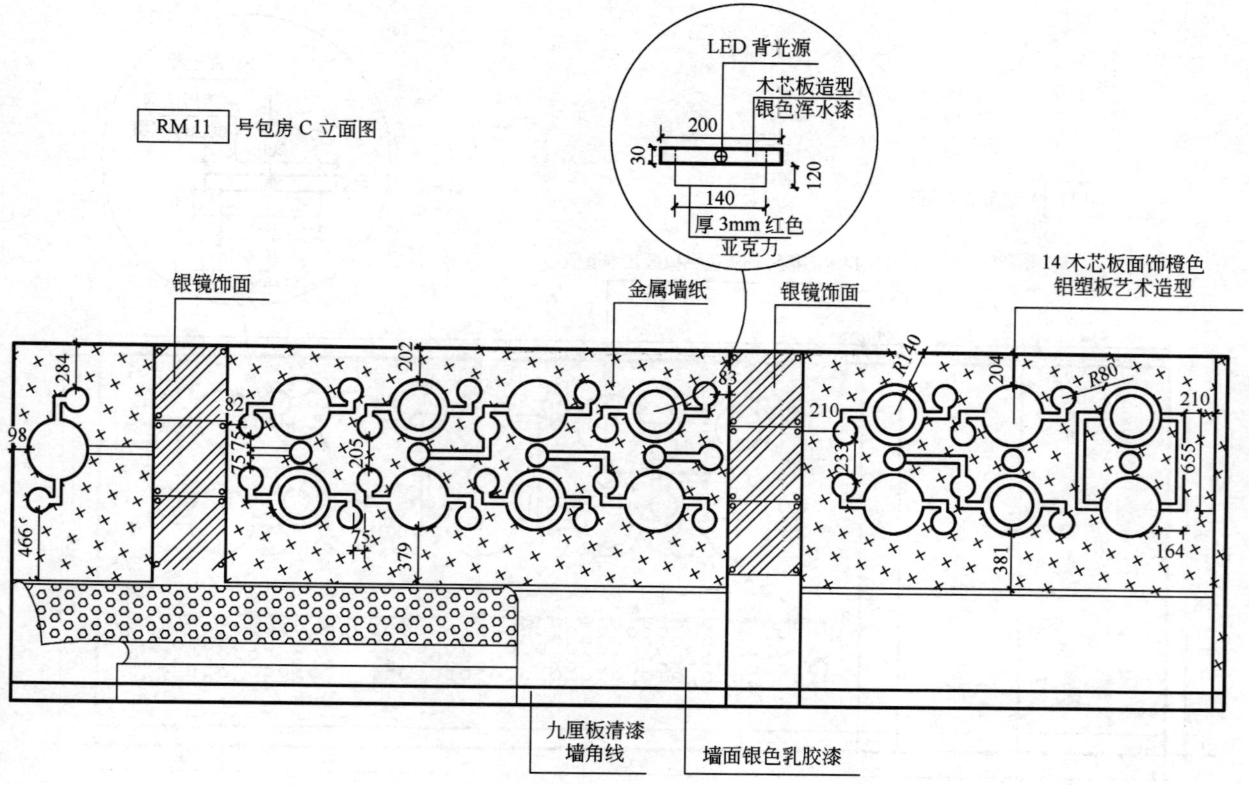

RM 11 号包房 C 立面图

LED 背光源
木芯板造型
银色浑水漆
200
30
120
140
厚 3mm 红色
亚克力

银镜饰面
金属墙纸
银镜饰面
14 木芯板面饰橙色
铝塑板艺术造型

284
98
466
82
75
75
205
75
379
202
83
210
233
R140
204
R80
381
210
655
164

九厘板清漆
墙角线
墙面银色乳胶漆

酒吧十一号包房施工图

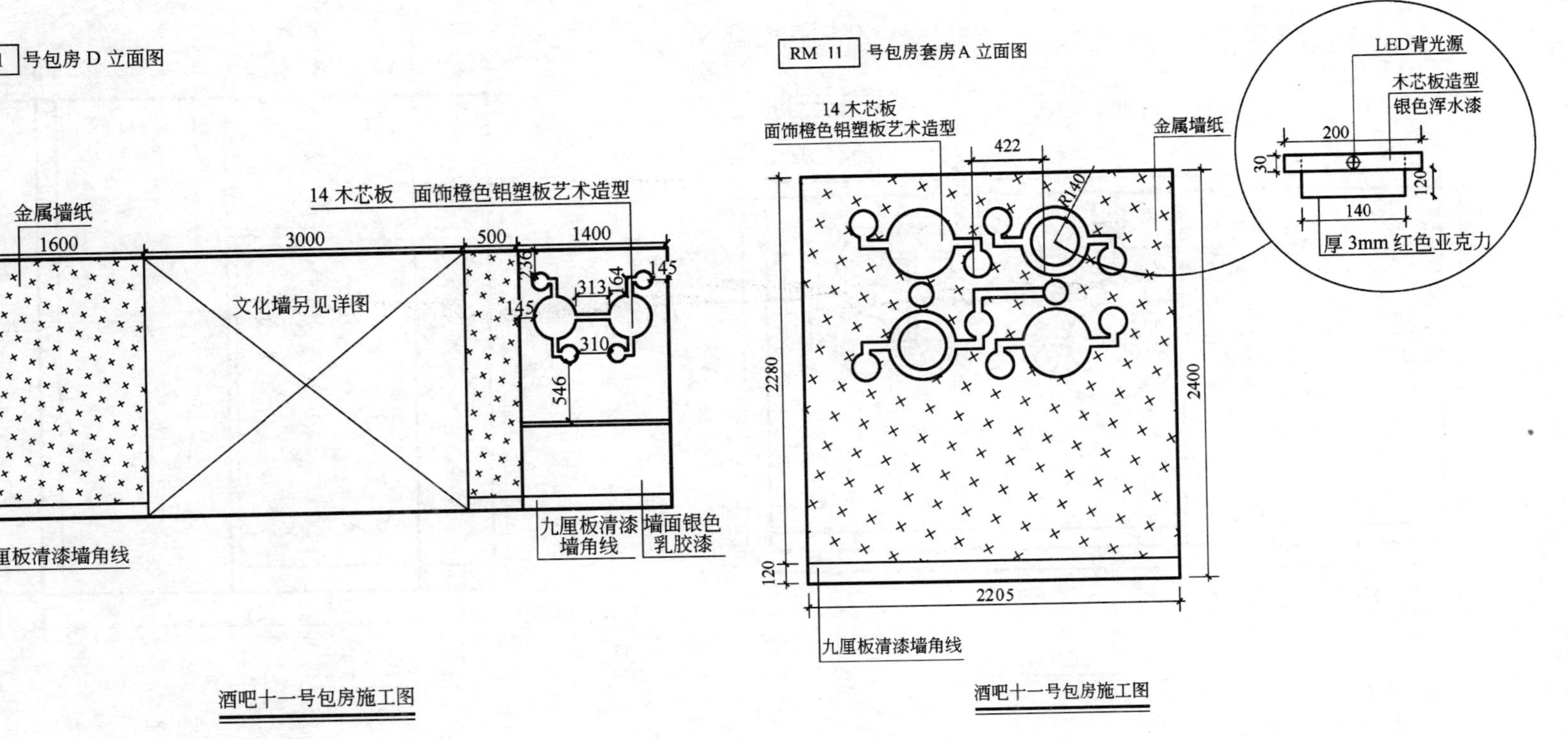

酒吧十一号包房施工图

酒吧十一号包房施工图

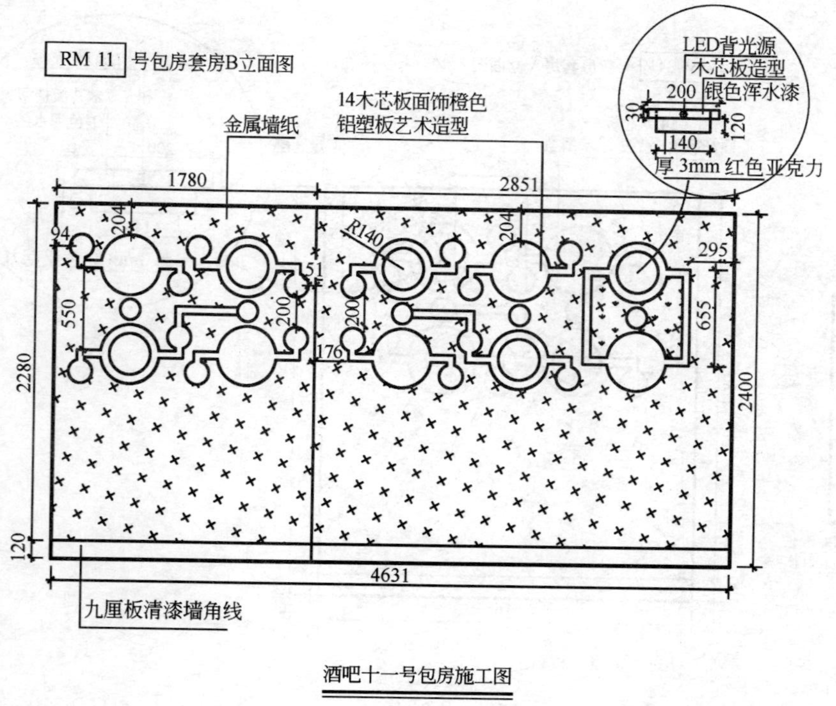
RM 11 号包房套房B立面图
金属墙纸
14木芯板面饰橙色
铝塑板艺术造型
LED背光源
木芯板造型
银色浑水漆
厚 3mm 红色亚克力
200
30
120
140
1780
2851
94
204
550
51
200
R140
176
295
655
2280
2400
120
4631
九厘板清漆墙角线
酒吧十一号包房施工图

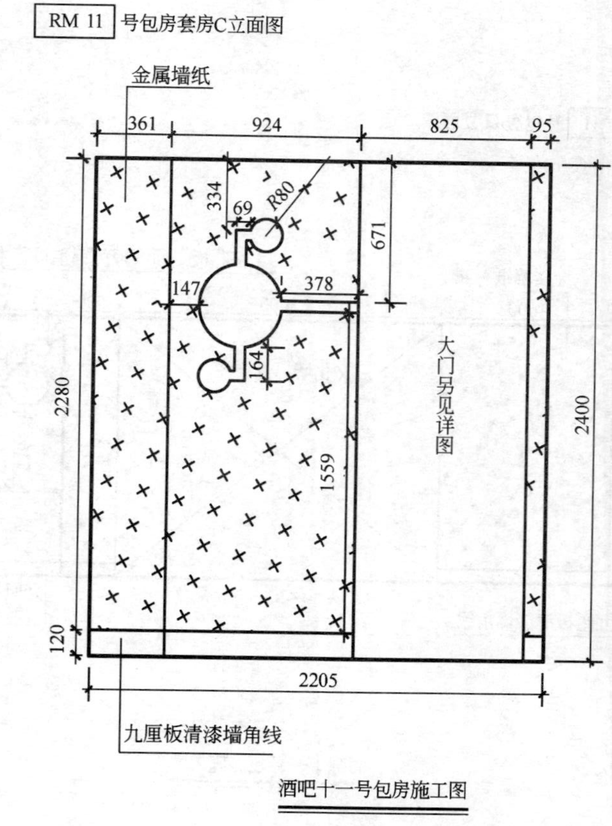
RM 11 号包房套房C立面图
金属墙纸
361
924
825
95
334
69
R80
671
147
378
164
1559
大门另见详图
2280
2400
120
2205
九厘板清漆墙角线
酒吧十一号包房施工图

RM 11 号包房套房D立面图
LED背光源
木芯板造型
银色浑水漆
200
30
120
140
厚3mm红色亚克力
14木芯板面饰橙色铝塑板艺术造型
金属墙纸
2731
500
1400
R140
R200
313
655
500
500
500
2400
120
九厘板清漆墙角线
墙面银色乳胶漆
九厘板清漆墙角线

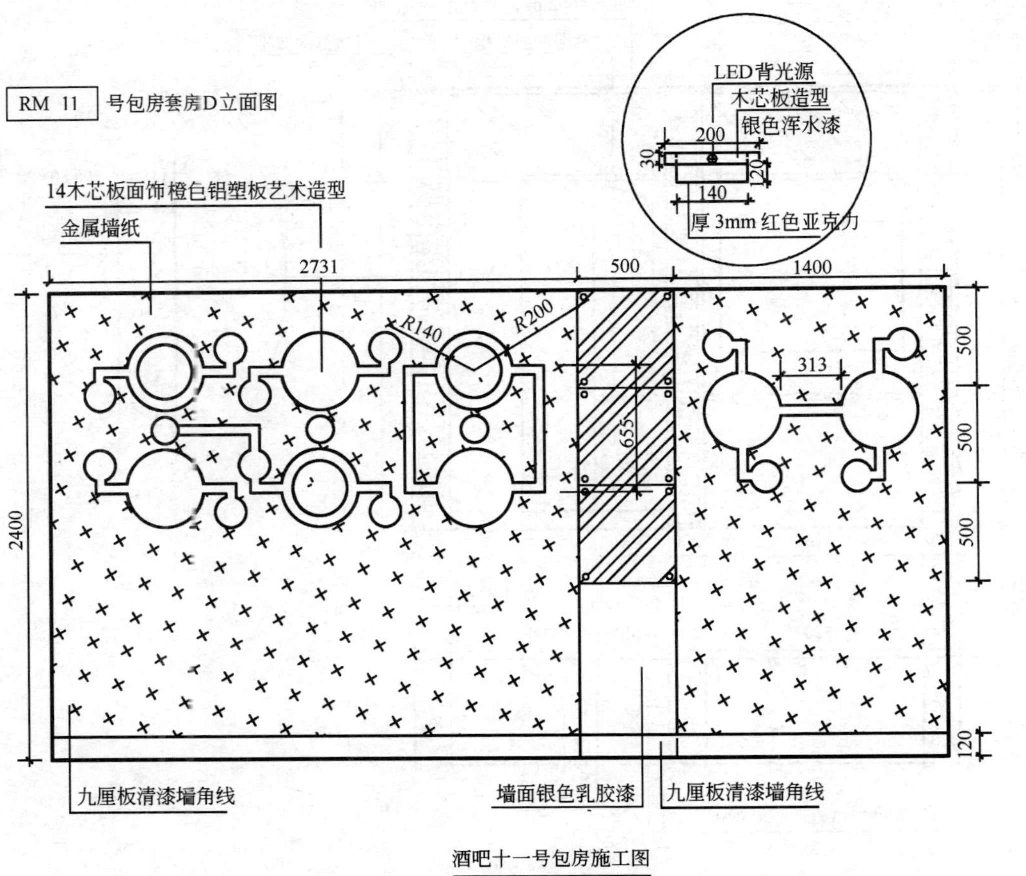

酒吧十一号包房施工图

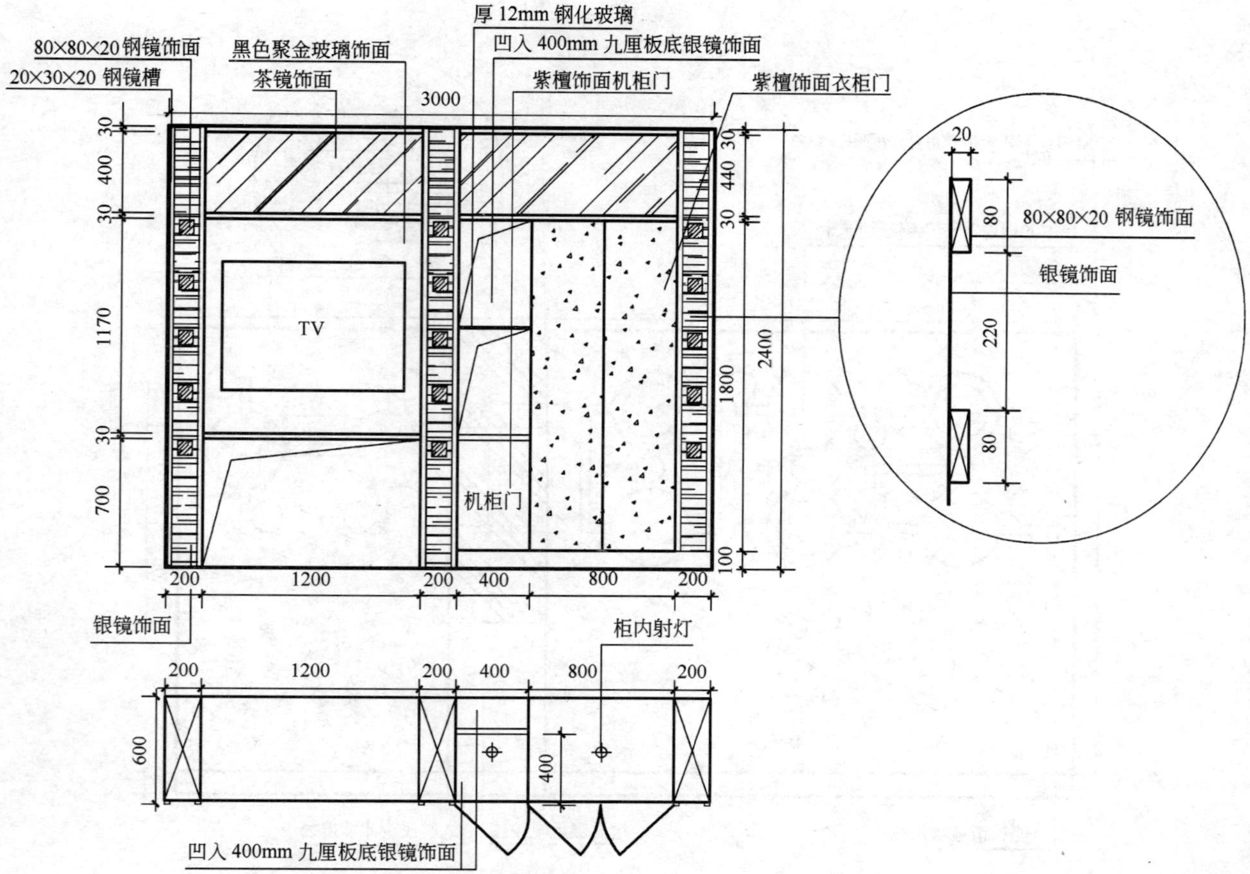

80×80×20 钢镜饰面
20×30×20 钢镜槽
黑色聚金玻璃饰面
茶镜饰面
厚 12mm 钢化玻璃
凹入 400mm 九厘板底银镜饰面
紫檀饰面机柜门
紫檀饰面衣柜门
3000
TV
机柜门
30 400 30 1170 30 700
30 440 30 1800 100
2400
200 1200 200 400 800 200
银镜饰面
柜内射灯
200 1200 200 400 800 200
600
400
凹入 400mm 九厘板底银镜饰面
20
80
220
80
80×80×20 钢镜饰面
银镜饰面

酒吧包房文化墙施工图

950
616
木芯板基层
银镜饰面
厚 8mm 钢化清玻
13×25 钛金管
厚 8mm 热熔玻璃
喷银色金属氟碳漆
不锈钢拉手（定做）
镜面不锈钢门套
2500
2220
22060
25340
320
482
488
482
400
80
100
60 190 25 400 25 190 60

包房大门及门套

木芯板基层 不锈钢饰面
三厘板基层 红胡桃饰面
室内 25×30 不锈钢管
厚 8mm 热熔玻璃
32×50烘干木枋
三厘板基层
紫檀面饰银色氟碳漆
室外 25×30 钛金管
350
20
190
450
190
60
830
60
A

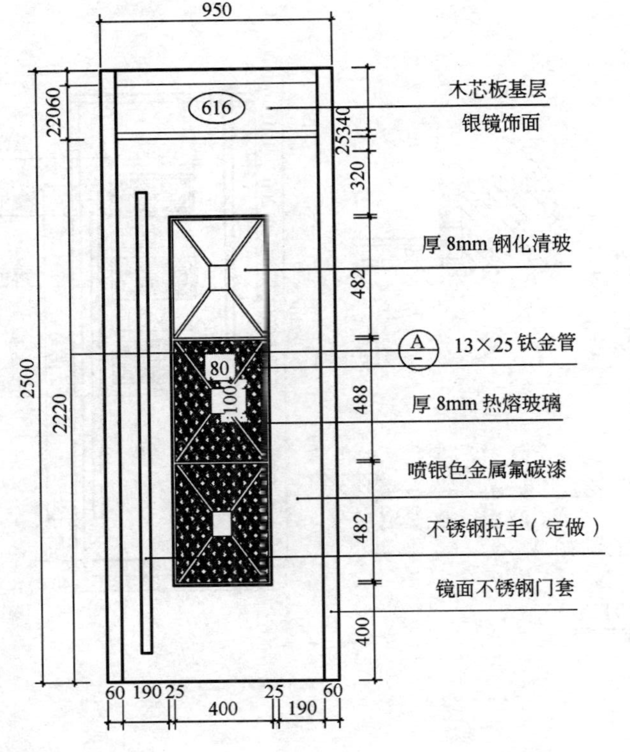

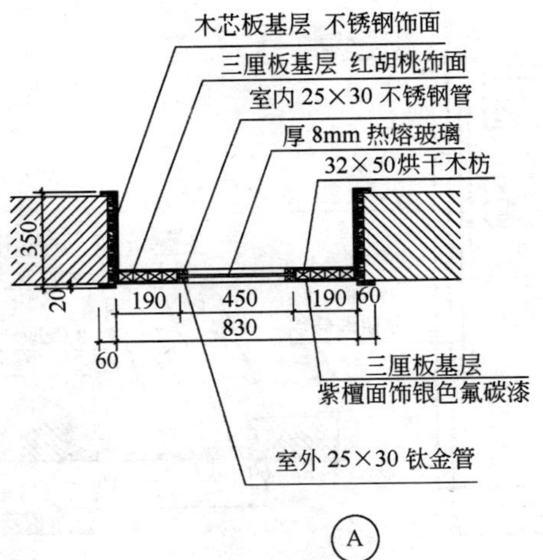

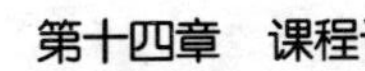

红胡桃饰面
镜钢板包门套
成品拉手（定做）
8厚矶理玻璃
木芯板基层 不锈钢饰面
三厘板基层 红胡桃饰面
木线条
厚8矶理玻璃
32×50烘干木枋
三厘板基层 红胡桃饰面
紫檀木饰面
镜钢板包边
镜钢板包门套
镜面磨砂图案玻璃
成品拉手（定做）
2060
2240
1600

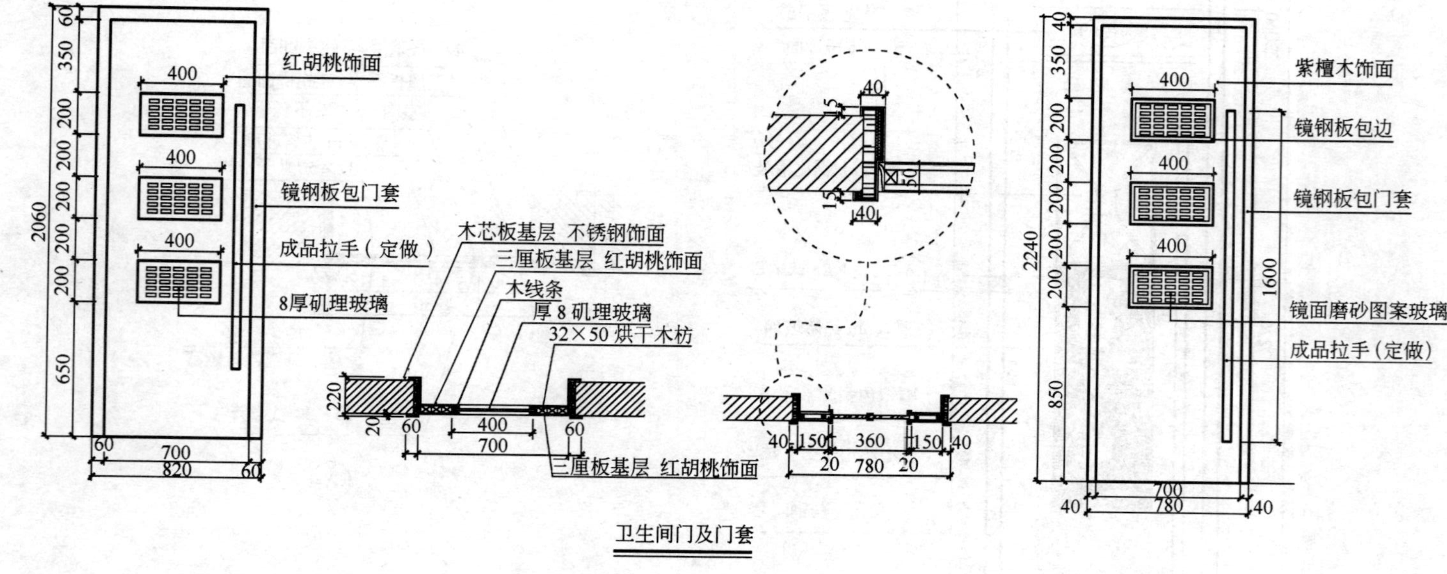

卫生间门及门套

60
2060
红胡桃饰面
镜钢板包门套
60
800
60
920
木芯板基层　不锈钢饰面
三厘板基层　红胡桃饰面
32×50烘干木枋
350
20
190
450
190
60
830
60
三厘板基层　红胡桃饰面

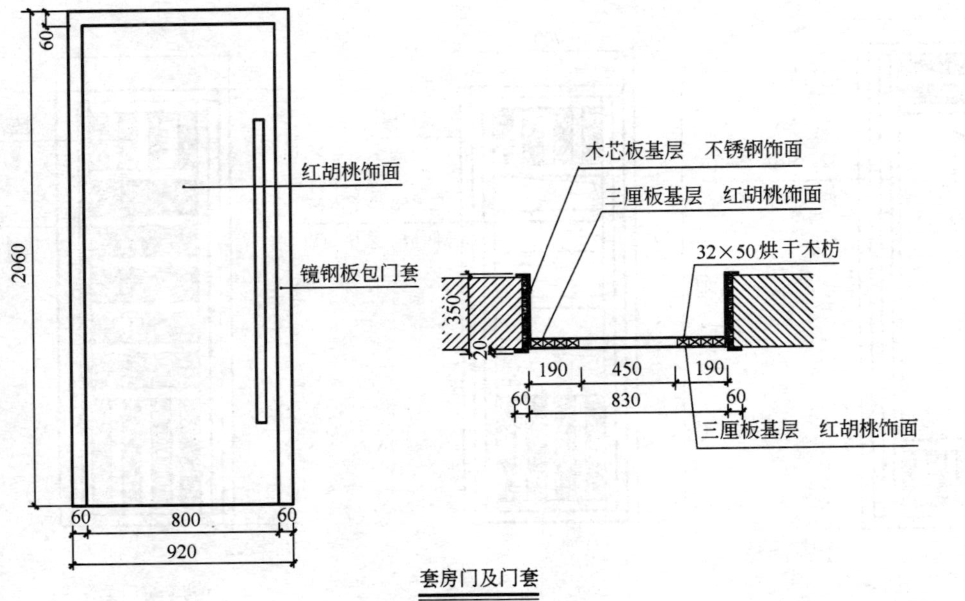

套房门及门套

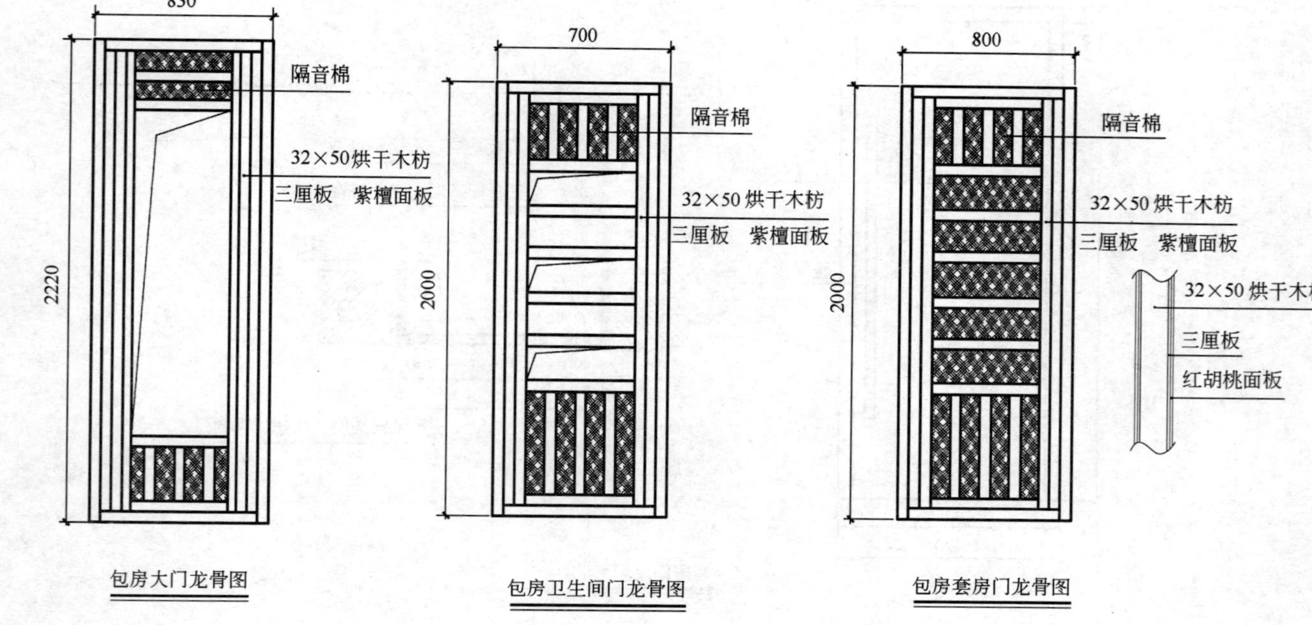

包房大门龙骨图　　包房卫生间门龙骨图　　包房套房门龙骨图

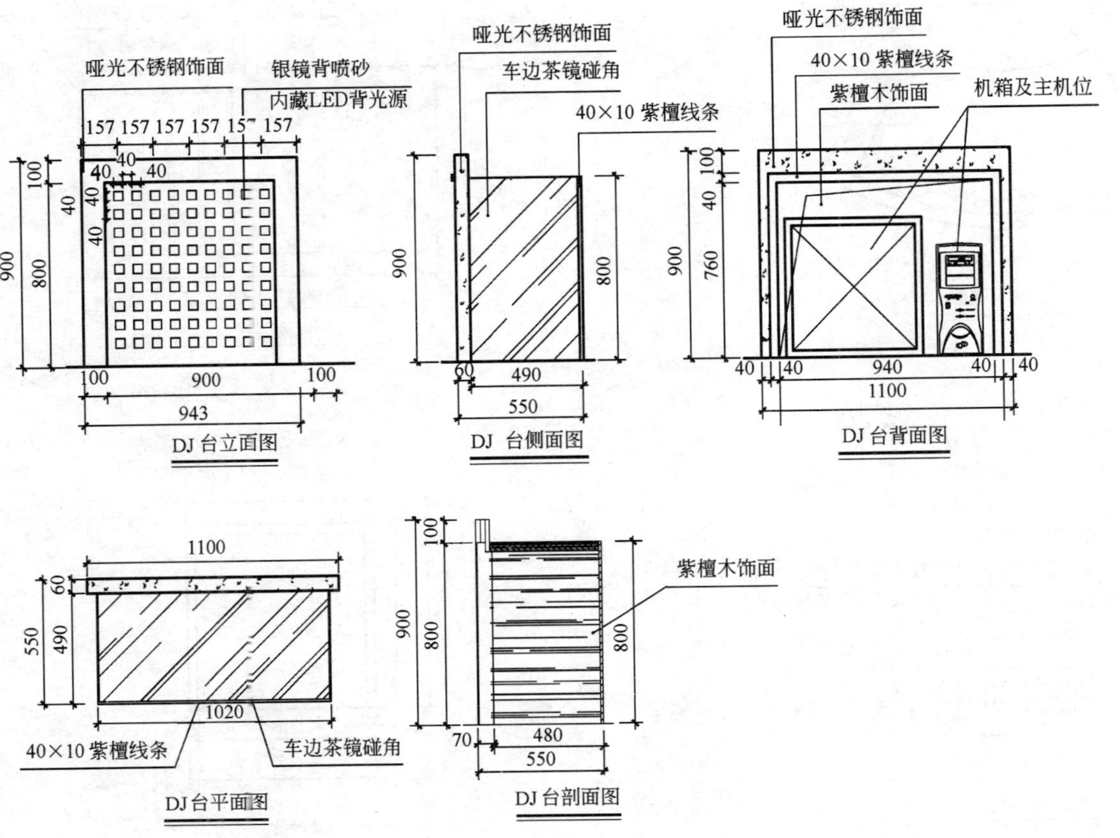
哑光不锈钢饰面
银镜背喷砂
内藏LED背光源
157 157 157 157 157 157
40
40
100
900
800
100
900
100
943
DJ 台立面图
哑光不锈钢饰面
车边茶镜碰角
40×10 紫檀线条
900
800
60
490
550
DJ 台侧面图
哑光不锈钢饰面
40×10 紫檀线条
紫檀木饰面
机箱及主机位
100
40
900
760
40
940
1100
DJ 台背面图
1100
60
550
490
1020
40×10 紫檀线条
车边茶镜碰角
DJ台平面图
紫檀木饰面
100
900
800
800
70
480
550
DJ 台剖面图

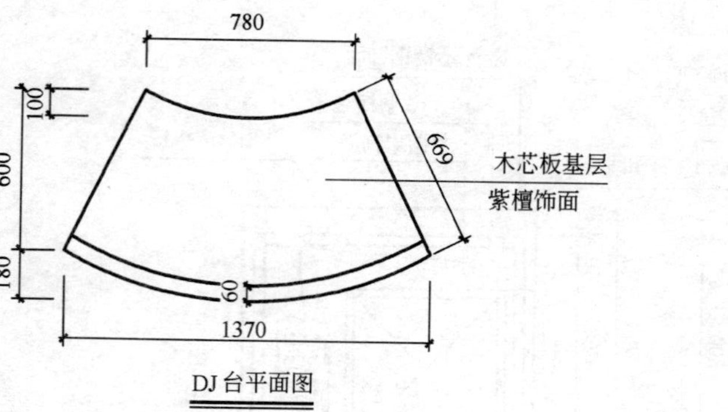

DJ 台平面图

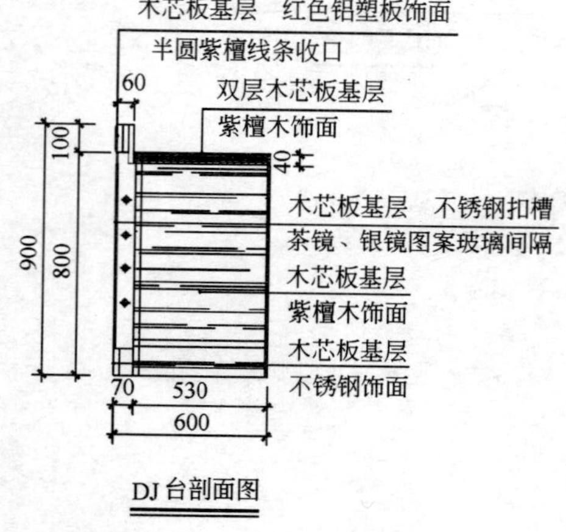

DJ 台剖面图

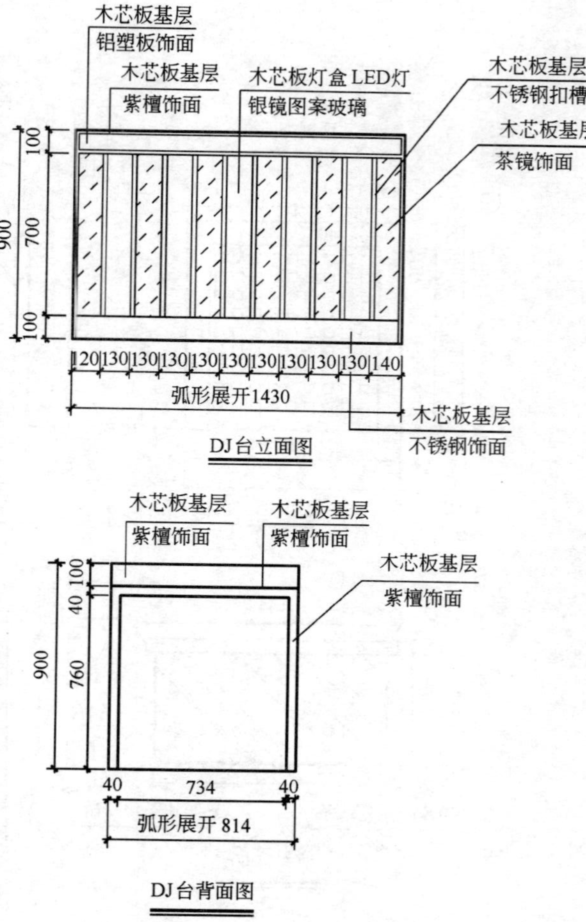

DJ 台立面图

DJ 台背面图